海上絲綢之路基本文獻叢書

華夷花木鳥獸珍玩考（四）

〔明〕慎懋官 選集

文物出版社

圖書在版編目（CIP）數據

華夷花木鳥獸珍玩考．四 /（明）慎懋官選集．--
北京 : 文物出版社，2022.7
（海上絲綢之路基本文獻叢書）
ISBN 978-7-5010-7658-1

Ⅰ．①華… Ⅱ．①慎… Ⅲ．①植物－介紹－中國－古代②動物－介紹－中國－古代 Ⅳ．① Q948.52
② Q958.52

中國版本圖書館 CIP 數據核字（2022）第 097036 號

海上絲綢之路基本文獻叢書
華夷花木鳥獸珍玩考（四）

選　　集：〔明〕慎懋官
策　　劃：盛世博閱（北京）文化有限責任公司

封面設計：鞏榮彪
責任編輯：劉永海
責任印製：王　芳

出版發行：文物出版社
社　　址：北京市東城區東直門内北小街 2 號樓
郵　　編：100007
網　　址：http://www.wenwu.com
經　　銷：新華書店
印　　刷：北京旺都印務有限公司
開　　本：787mm×1092mm　1/16
印　　張：14.875
版　　次：2022 年 7 月第 1 版
印　　次：2022 年 7 月第 1 次印刷
書　　號：ISBN 978-7-5010-7658-1
定　　價：98.00 圓

總緒

海上絲綢之路，一般意義上是指從秦漢至鴉片戰争前中國與世界進行政治、經濟、文化交流的海上通道，主要分爲經由黄海、東海的海路最終抵達日本列島及朝鮮半島的東海航綫和以徐聞、合浦、廣州、泉州爲起點通往東南亞及印度洋地區的南海航綫。

在中國古代文獻中，最早、最詳細記載『海上絲綢之路』航綫的是東漢班固的《漢書·地理志》，詳細記載了西漢黄門譯長率領應募者入海『齎黄金雜繒而往』之事，書中所出現的地理記載與東南亞地區相關，并與實際的地理狀況基本相符。

東漢後，中國進入魏晉南北朝長達三百多年的分裂割據時期，絲路上的交往也走向低谷。這一時期的絲路交往，以法顯的西行最爲著名。法顯作爲從陸路西行到印度，再由海路回國的第一人，根據親身經歷所寫的《佛國記》（又稱《法顯傳》）一書，詳細介紹了古代中亞和印度、巴基斯坦、斯里蘭卡等地的歷史及風土人情，是瞭解和研究海陸絲綢之路的珍貴歷史資料。

隨着隋唐的統一，中國經濟重心的南移，中國與西方交通以海路爲主，海上絲綢之路進入大發展時期。廣州成爲唐朝最大的海外貿易中心，朝廷設立市舶司，專門管理海外貿易。唐代著名的地理學家賈耽（七三〇～八〇五年）的《皇華四達記》記載了從廣州通往阿拉伯地區的海上交通『廣州通夷道』，詳述了從廣州港出發，經越南、馬來半島、蘇門答臘半島至印度、錫蘭，直至波斯灣沿岸各國的航綫及沿途地區的方位、名稱、島礁、山川、民俗等。譯經大師義净西行求法，將沿途見聞寫成著作《大唐西域求法高僧傳》，詳細記載了海上絲綢之路的發展變化，是我們瞭解絲綢之路不可多得的第一手資料。

宋代的造船技術和航海技術顯著提高，指南針廣泛應用於航海，中國商船的遠航能力大大提升。北宋徐兢的《宣和奉使高麗圖經》詳細記述了船舶製造、海洋地理和往來航綫，是研究宋代海外交通史、中朝友好關係史、中朝經濟文化交流史的重要文獻。南宋趙汝適《諸蕃志》記載，南海有五十三個國家和地區與南宋通商貿易，形成了通往日本、高麗、東南亞、印度、波斯、阿拉伯等地的『海上絲綢之路』。宋代爲了加强商貿往來，於北宋神宗元豐三年（一〇八〇年）頒佈了中國歷史上第一部海洋貿易管理條例《廣州市舶條法》，并稱爲宋代貿易管理的制度範本。

元朝在經濟上採用重商主義政策，鼓勵海外貿易，中國與歐洲的聯繫與交往非常頻繁，其中馬可·波羅、伊本·白圖泰等歐洲旅行家來到中國，留下了大量的旅行記，記録元代海上絲綢之路的盛况。元代的汪大淵兩次出海，撰寫出《島夷志略》一書，記録了二百多個國名和地名，其中不少首次見於中國著録，涉及的地理範圍東至菲律賓群島，西至非洲。這些都反映了元朝時中西經濟文化交流的豐富内容。

明、清政府先後多次實施海禁政策，海上絲綢之路的貿易逐漸衰落。但是從明永樂三年至明宣德八年的二十八年裏，鄭和率船隊七下西洋，先後到達的國家多達三十多個，在進行經貿交流的同時，也極大地促進了中外文化的交流，這些都詳見於《西洋蕃國志》《星槎勝覽》《瀛涯勝覽》等典籍中。

關於海上絲綢之路的文獻記述，除上述官員、學者、求法或傳教高僧以及旅行者的著作外，自《漢書》之後，歷代正史大都列有《地理志》《四夷傳》《西域傳》《外國傳》《蠻夷傳》《屬國傳》等篇章，加上唐宋以來衆多的典制類文獻、地方史志文獻，集中反映了歷代王朝對於周邊部族、政權以及西方世界的認識，都是關於海上絲綢之路的原始史料性文獻。

海上絲綢之路概念的形成，經歷了一個演變的過程。十九世紀七十年代德國地理學家費迪南・馮・李希霍芬（Ferdinad Von Richthofen，一八三三～一九〇五），在其《中國：親身旅行和研究成果》第三卷中首次把輸出中國絲綢的東西陸路稱爲『絲綢之路』。有『歐洲漢學泰斗』之稱的法國漢學家沙畹（Édouard Chavannes，一八六五～一九一八），在其一九〇三年著作的《西突厥史料》中提出『絲路有海陸兩道』，蘊涵了海上絲綢之路最初提法。迄今發現最早正式提出『海上絲綢之路』一詞的是日本考古學家三杉隆敏，他在一九六七年出版《中國瓷器之旅：探索海上的絲綢之路》中首次使用『海上絲綢之路』一詞；一九七九年三杉隆敏又出版了《海上絲綢之路》一書，其立意和出發點局限在東西方之間的陶瓷貿易與交流史。

二十世紀八十年代以來，在海外交通史研究中，『海上絲綢之路』一詞逐漸成爲中外學術界廣泛接受的概念。根據姚楠等人研究，饒宗頤先生是華人中最早提出『海上絲綢之路』的人，他的《海道之絲路與昆侖舶》正式提出『海上絲路』的稱謂。選堂先生評價海上絲綢之路是外交、貿易和文化交流作用的通道。此後，大陸學者馮蔚然在一九七八年編寫的《航運史話》中，使用『海上絲綢之路』一詞，這是迄今學界查到的中國大陸最早使用『海上絲綢之路』的人，更多地限於航海活動領域的考察。一九八〇年北京大學陳炎教授提出『海上絲綢之路』研究，并於一九八一年發表《略論海上絲綢之路》一文。他對海上絲綢之路的理解超越以往，且帶有濃厚的愛國主義思想。陳炎教授之後，從事研究海上絲綢之路的學者越來越多，尤其沿海港口城市向聯合國申請海上絲綢之路非物質文化遺産活動，將海上絲綢之路研究推向新高潮。另外，國家把建設『絲綢之路經濟帶』和『二十一世紀海上絲綢之路』作爲對外發展方針，將這一學術課題提升爲國家願景的高度，使海上絲綢之路形成超越學術進入政經層面的熱潮。

與海上絲綢之路學的萬千氣象相對應，海上絲綢之路文獻的整理工作仍顯滯後，遠遠跟不上突飛猛進的研究進展。二〇一八年厦門大學、中山大學等單位聯合發起『海上絲綢之路文獻集成』專案，尚在醖釀當中。我們不揣淺陋，深入調查，廣泛搜集，將有關海上絲綢之路的原始史料文獻和研究文獻，分爲風俗物産、雜史筆記、海防海事、典章檔案等六個類別，彙編成《海上絲綢之路歷史文化叢書》，於二〇二〇年影印出版。此輯面市以來，深受各大圖書館及相關研究者好評。爲讓更多的讀者親近古籍文獻，我們遴選出前編中的菁華，彙編成《海上絲綢之路基本文獻叢書》，以單行本影印出版，以饗讀者，以期爲讀者展現出一幅幅中外經濟文化交流的精美畫卷，爲海上絲綢之路的研究提供歷史借鑒，爲『二十一世紀海上絲綢之路』倡議構想的實踐做好歷史的詮釋和注脚，從而達到『以史爲鑒』『古爲今用』的目的。

凡例

一、本編注重史料的珍稀性，從《海上絲綢之路歷史文化叢書》中遴選出菁華，擬出版百册單行本。

二、本編所選之文獻，其編纂的年代下限至一九四九年。

三、本編排序無嚴格定式，所選之文獻篇幅以二百餘頁爲宜，以便讀者閱讀使用。

四、本編所選文獻，每種前皆注明版本、著者。

五、本編文獻皆爲影印，原始文本掃描之後經過修復處理，仍存原式，少數文獻由於原始底本欠佳，略有模糊之處，不影響閱讀使用。

六、本編原始底本非一時一地之出版物，原書裝幀、開本多有不同，本書彙編之後，統一爲十六開右翻本。

目録

華夷花木鳥獸珍玩考（四）

華夷花木鳥獸珍玩考（四）

卷八至卷九

〔明〕慎懋官 選集

明萬曆間刻本

華夷玩考卷之八

吳興郡山人愼懋官選集

碧瑶杯

唐張讀宣室志韋弇游蜀郡南鄭氏亭上遇王清之女曰有三寶將以贈君能使君富敵王侯始出一杯其色碧而光瑩洞徹曰碧瑶杯也遂挈還長安售于廣陵市胡人見而拜曰王清三寶以錢數千萬易之

寶毋

魏生嘗得一美石後有胡人見之云此寶毋毋月望設壇海邊石上可以集珠寶

龜寶

天方國時有斑頭隨鄭和往西洋于海濱得一琉璃瓶中旋轉不停人共異之置諸舟中夜半舟人覺舟重起視則有龜數百蟻附舟旁相視驚怖乃以龜瓶復擲於海龜悉散去後歸以語賈胡胡曰此龜寶也得之則海中諸寶俱自來集不特衆龜朝也惜汝無福當之耳

青蚨

南方有蟲其形蟬而大其子著草葉如蠶種得子以歸則母飛來就之殺其母以塗其子以其子塗母用

錢貨市旋則自還故淮南子術以之還錢名曰青鳬

犀

犀有三種重透外黒有一暈白中又黒世艱得之正透又曰通犀倒透亦曰花犀或斑犀有游魚形諸犀中水犀最貴秀州周通直家有正透犀帶其中一點白以紙燈近之即時㓕有濕氣疑是水犀

通天犀

抱朴子曰通天犀有百理如線者以盛米置羣雞中雞欲往啄米至輒驚却故南人名爲駭雞也得眞角一尺以上刻爲魚而銜以入水常爲開方三尺可得

氣息水中以其角爲叉導者將煑毒藥爲湯以此叉導攪之皆生白沫無復毒勢一云于霧之中不濕

辟寒犀

開元二年冬至交趾國進犀一株色黄如金使者請以金盤置於殿中温温然有暖氣襲人上問其故使者對曰此辟寒犀也頃自隋文帝時本國曾進一株直至今日上甚悦厚賜之

辟塵犀

爲婦人簪梳塵不着也

蠲忿犀

唐同昌公主有犀如彈丸帶之蠲忿

明犀

吠勒國貢文犀四頭狀如水兕角表有光因名明犀置暗中有光影亦曰影犀織以爲簟如錦綺之文此國去長安九千里在日南

雙龍犀

大中初女蠻國貢雙龍犀有二龍鱗鬣爪角悉備

牙

閬州莫徭將大牙載至洪州有商胡求買累自加直至四十萬他胡見牙色動私白主人許酬百萬又以

一萬爲主人紹介俾各罷去頃聞荷錢而至本胡往復交爭遂相毆擊所由白縣縣以白府府詰其由胡初不肎以牙爲實府君曰此牙會獻天子汝輩不言亦終無益固靳胡方白云牙中有二龍相躩而立可絕爲簡本國重此者以爲貨當值數十萬萬得之爲大商賈矣洪州乃以牙及牙主二胡並進之天后命剖牙果得龍簡謂牙主曰汝貌貧賤不可多受錢物賜敕閩州每年給五十千盡而復取以終其身

安南鄧上舍說其祖初入朝時貢象牙簟金枕象簟者凡象齒之中悉是逐條縱攢於內用法煑軟

牙逐條抽出之柔韌如線以織爲席今横截牙心有花紋即是也縱時可抽見祝京兆野記

玉

謨按先哲云玉之所以異于群石者以其堅而有理火刃不可傷爲別耳匪但質潤而音清也苟弗精知則近似者甚多如碔砆亦可以雜也書曰燕石入笥卞氏長號其以此夫又云凡石韞玉但夜將石映燈看之內有紅光明如初出日者便知有玉卞和刖足以不鑒也其色五般今惟青白者常有黑者時有黄赤者絶無雖禮之六器亦不能得其真況其他乎

崑山之玉燔以爐炭三日三夜色澤不變玉之美者也

廣志曰白玉美者可以照面出交州青玉出倭國赤玉出夫餘瑜玉玄玉水蒼玉皆佩用

玉天地之精也有山玄文者有水蒼文者截昉者有赤如雞冠者有黑若純漆者有黄譬粟者色各有不同焉

夜光常蒲杯

周穆王時西胡獻昆吾割玉刀及夜光常蒲杯刀長一尺杯受三升刀切玉如切泥杯是白玉之精光明

夜照冥夕出杯於中庭以向天比明而水汁已滿於杯中也汁甘而香美

玉精盌

馬侍中嘗寶一玉精盌夏蠅不近盛水經月不腐不耗或目痛含之立愈

玉龍

梁大同八年戍主楊光欣獲玉龍一枚長一尺二寸高五寸雕鏤精妙不似人作腹中容斗餘頸亦空曲置水中令水滿倒之水從口出出聲如琴瑟水盡乃止

水玉

太康四年林邑王范能獻紫水精唾壺一口青白水精唾壺二口山海經曰堂夜之山多水玉水玉即水精也出交州雜記

圓龍方虎

唐順宗西域有進美玉者二一圓一方徑各五寸光彩凝冷可鑑毛髮時伊祁玄解方坐於上前熟視之曰此一龍玉一虎玉圓者龍也生於水中爲龍所寶若投之水必有虹霓出焉方者虎也生於巖谷爲虎所寶若以虎毛拂之即紫光迸逸而百獸懾伏上異

其言見杜陽編

火玉

武宗會昌九年夫餘國貢火玉三斗色赤長半寸上尖下圓光照數十步積之可以燃鼎置之室内則不復挾纊

自暖盃

内庫有一酒盃青色而有紋如亂絲其薄如紙於盃足上有縷金字名曰自暖盃上令取酒注之温温然有氣相次如沸湯遂收於内藏

玉棊子

唐宣宗朝日本國王子來朝善圍棊帝令待詔顧師言與之對手王子出本國楸玉棊局冷暖玉棊子蓋玉之蒼者如楸玉色其冷暖者冬暖夏冷（出北夢瑣言）

響玉棊盤

又曰元順本枰棊聲與律呂相應蓋用響玉棊盤非有異術也

取蛻龍牙一枚臨局自然機變橫出（出棊訣）

玉笛

長尺有九寸其聲清亮俗云東海龍所獻歷代寶之傳至于今

觀日玉

觀日玉大如鏡方圓尺餘明徹如琉璃映日以觀日中宫殿皎然分明

照世盃

照世杯者其國舊傳有杯光明洞徹照之可知世事故云

輿國軟玉

天寶中輿國獻軟玉鞭屈之則首尾相就舒之則勁直如繩

香聞數百步

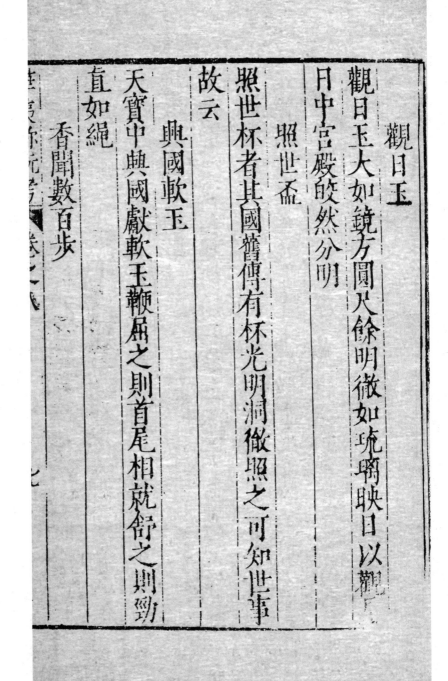

肅宗賜李輔國玉辟邪二各長一尺五寸奇巧殆非人間所有其玉之香可聞於數百步雖鎖於金函石櫃終不能掩其氣或以衣裾誤拂則芬馥經年縱澣濯數四亦不消歇

師子國晉義熙初始遣獻玉像經十載乃至像高四尺二寸五色潔潤形製殊特殆非人工此像歷晉宋世在瓦官寺寺先有徵士戴安道手製佛像五軀及顧長康維摩畫圖世人謂爲三絕至齊東昏遂毀玉像前截臂次取身爲嬖妾潘貴妃作釵釧見梁書

蜀先主甘后沛人生於賤微里中相者云此女後
貴位極宮掖及后生而體貌特異年至十八玉質
柔肌態媚容冶先主致后於白綃帳中於戶外望
者如月下聚雪河南獻玉人高三尺乃取玉人致
后側晝則講說軍謀夕則擁后而玩玉人常稱玉
之所貴比德君子况爲人形而可不玩乎甘后與
玉人潔白齊潤觀者殆相亂惑嬖寵者非唯嫉甘
后而亦嫉玉人后常欲琢毀壞之乃戒先主曰昔
子罕不以玉爲寶春秋美之今吳魏未滅安以妖
玩經懷凡誣惑生疑勿復進焉先主乃撤玉人像

嬖者皆退當時君子以其后爲神智婦人
丞相伯頗嘗至于闐國於其國中鑿井得一玉佛
高三四尺色如截肪照之皆見筋骨脉絡卽貢上
方又有白玉一段高六尺濶五尺長十七步以重
不可致

五色玉

天寶初安思順進五色玉帶又於左藏庫中得五色
玉

如意玉

類枕頭上有七孔云通明之象

九玉釵

上刻九鸞皆九色其上有字曰玉兒精巧奇妙殆非人製

龍角釵

類玉紺色上刻蛟龍之形精巧奇麗非人所製

金鋼

扶南出金鋼可以刻玉狀似紫石英其所生乃在百丈水底盤石上如鍾乳人沒水取之竟日乃出以鐵鎚之而不傷鐵乃自損以羖羊角扣之灌然冰泮羚羊角高石山出一角而中實極堅能碎金剛石

貞觀中有婆羅僧言得佛齒所擊前無堅物於是士馬奔湊其處如市時傅奕方臥病聞之謂其子曰是非佛齒吾聞金剛石至堅物不能敵唯羚羊角破之汝可往試之焉胡僧緘縢甚固求良久乃得見出叩之應手而碎觀者乃止今理珠玉者皆用云

周穆王征西戎西戎獻昆吾之劍赤刀切玉如切泥

解玉溪在大慈寺之南韋皐所鑿用其沙解玉則易爲功

玉衣覆上

甄后少時家中髣髴見有人持玉衣覆其上常共恠之

玉界尺

五代梁丞相趙光逢在唐以文行知名時人稱其方直温潤謂之玉界尺

鞨靺寶

李彝武與王倡往來死後李經所居見王來同寢將曙取一物紺碧似玉而冷狀如槲葉贈曰西嶽玉京夫人所遺鞨靺寶也

紅靺鞨

大如巨栗赤爛若朱櫻視之可應手而碎觸之則堅重不可破也

琉璃

青色如玉魏略大秦國出赤白黑黄青緑縹紺紅紫十種琉璃孟康言青色不博通也此自然之物彩澤光潤踰於衆玉其色不常今俗所用皆銷冶石汁以衆藥灌而爲之脆虚不真實非其物也

瑪瑙

出日本國生玉石間種有三般紅黑而白佈紋如纏絲者咸妙研木不見熱者纔真研木熱非真也土人得之礙

爲玩器　帝顓頊時丹丘之國獻瑪瑙甕以盛甘露
帝德所被殊方入貢以露充於厨也瑪瑙石類也南
方者爲上今善別者馬死則扣其腦而視其色如血
者則日行萬里能騰飛空虛腦色黄者日行千里腦
色青者嘶聞數百里外腦色黑者入水毛鬣不濡日
行五百里腦色白者多力而駑今爲器多用赤色者
若是人功所製者多不成器成器亦拙其國人聽馬
鳴別其腦色

瑪瑙櫃

武宗會昌元年渤海貢瑪瑙櫃方三尺深茜色工巧

無比

月下葡萄

國初沈萬三者吳人也居周庄富盛所藏瑪瑙酒壺其質通明類水晶一枝葡萄如墨點就號爲月下葡萄

嘗讀春渚紀聞有人蓄瑪瑙大硯注水硯間則水中有一小鯽游泳可愛去水則無也夷堅志亦載人有銅盆凡水注滿則雙鯽撥剌出水矣無水無之予未之信後杭醫朱某家造墳得土中二磁碗偶注酒於中則頃刻有綠苔浮滿酒中意其不潔

所致及滌浄復注亦然飲之又未嘗有物也

自然灰

琉璃瑪瑙先以自然灰令軟可以雕刻自然灰生南海

風松石

方一丈瑩澈如玉其中有樹形若古松偃蓋颯颯焉而涼颸生於其間至盛夏上令置於殿内稍秋氣颸颸即徹去

珠

海中多朱鼈狀如肺有四眼六脚而吐珠　有九品

大五分以上至一寸八九分爲大品有光彩一邊小平似覆釜者名璫珠璫珠之次爲走珠走珠之次爲滑珠滑珠之次爲磥砢珠磥砢珠之次爲官雨珠官雨珠之次爲稅珠稅珠之次爲葱符珠

記事珠

開元中張說爲相有人惠一珠紺色有光名記事珠或有遺忘卽翫此珠心神頓悟

洞光珠

燕昭王時有黑鳥白頸集王之所銜洞光之珠圓徑一尺此珠色黑如漆而懸室內百神不能隱其精靈

上清珠

代宗爲兒時玄宗每命取上清珠以絳紗囊之繫於頸上卽罽賓國所貢光明潔白可照一室視之有僊人玉女雲鶴絳節之象搖動其中及上卽位寶庫中往往有神光異氣見唐杜陽編

滴翠珠

士人宋述家有一珠大如雞卵微紺色瑩徹如水手持之映空而觀則末底一點凝翠其上色漸淺若回轉則翠處常在下不知何物或謂之滴翠珠

照月珠

太初三年起甘泉望風臺臺上得白珠如花一枝帝以錦盖覆之如照月矣因名照月珠以賜董偃盛以琉璃之筐

萬年蛤

眞臘夷獻萬年蛤不夜珠光彩皆若月照人亡妍醜絶美艶帝以蛤賜趙后珠賜婕妤

岑珠

端溪俚人岑斑入山遇一寶珠徑五寸取還夜光明照燭俚人甚懼以火燒之雖子損猶照一室出南越志

履水珠

順宗即位歲拘弭國貢履水珠色黑類鐵大如雞卵其上鱗皺其中有竅云將入江海可長行洪波之上下上始不謂之寶遂命善游者以五色絲貫之繫之於左臂毒龍畏之遣入龍池其人則步驟于波上若在平地亦潛于水中良久復出而徧體略無沾濕上奇之因以御饌賜使人至長慶中嬪御試弄于海池上遂化爲黑龍入于池內俄而雲煙暴起不復追討矣

青泥珠

則天時西國獻青泥珠一枚珠類拇指微青后不知

貫以施西明寺僧布金剛額中後有講席胡人來聽講見珠但於珠下諦視而意不在講僧知其故因問故欲買珠耶胡云必若見賣當致重價僧初索千貫漸至萬貫胡悉不疇遂定至十萬貫賣之胡得珠納腿肉中還西國僧尋聞奏則天敕求此胡數日得之使者問珠所在胡云以吞入腹使者欲剺其腹胡不得已於腿中取出則天召問貴價市此焉所用之胡云西國有青泥泊多珠珎寶但苦泥深不可得若以此珠投泊中泥悉成水其寶可得則天因寶持之至玄宗時猶在

水珠

大安國寺睿宗爲相王時舊邸也即尊位乃建道場焉王嘗施一寶珠令鎮常住庫云值億萬開元十年寺僧造功德開櫃閱寶物將貨之見函封曰此珠值億萬僧共開之狀如片石赤色夜則微光光高數寸月餘有西域胡人閱寺求寶見珠大喜偕頂戴於首胡人貴者也使譯問曰珠價值幾何僧曰一億萬胡人撫弄遲迴而去明日又至譯謂僧曰珠價誠值億萬然胡客久今有四千萬求市可乎僧喜與之問胡從何而來而此珠復何能也胡人曰吾大食國人也

王貞觀初通好來貢此珠後吾國常念之募有得之者當授相位求之七八十歲今幸得之此水珠也每軍行休時掘地二尺埋之於其中水泉立出可給數千人故軍行常不水自亡珠後行軍每苦渴乏僧不信胡人命掘土藏珠有頃泉湧其色清冷流泛而出僧取飲之方悟靈異胡人乃持珠去不知所之

清水珠

馮翊嚴生家於漢南遊峴山得一珠如彈丸色黑而有光視之瑩徹如氷焉以示西國胡人曰此清水珠也即命注水濁缶以珠投之俄而淡然清徹矣胡人

以三十萬貨之

木難

出翅鳥口中結沫所成碧色珠也土人珍之曹子建詩云珊瑚間木難

琅玕珠

形如玉環

黄支

大珠至圍二寸以下而至圓者置之平地終日不停

走珠

閬風雀間出置之于地能自走世謂之走珠

璣

珠不圓者

金

黄金之氣赤黄千萬觔以上光大者鏡盤金氣發本上赤下青也　少昊時金鳴於山銀涌於地或如龜蛇之類乍似人鬼之形　上山有薤下有金酉陽雜俎

建平晉安有金沙出石中燒鎔鼓鑄爲鍋雖被火猶須更煉又陳藏器云常見人取金掘地深丈餘至紛子石石皆一頭黑焦下有金大者如指小猶麻豆色如桑黄咬時極軟即是真金夫匠多竊而吞之又餞

信南劍汀州出金處採得金亦多品或有若山石狀者或有若米豆者若此類未經火皆可爲生金並本草　諸州出金極多品蔡州出瓜子金雲南出顆塊金在山石間採之黔南遂府吉州水中並產麩金山海經　金之所生處處皆有梁益寧三州出水沙中作屑謂之生金　客乞兒國尤富地產金人夜視有光處誌之以灰翼日發之有大如棗者　凡金有二十件雄黃金雌黃金曾青金硫黃金土中金生鐵金生銅金偷石金砂子金土碌砂子金金母砂子金白錫金黑錫金朱砂金巳上十五件惟祇有還丹金水

中金瓜子金青麩金草砂金等五件是真金餘皆是假丹　嶺南人云生金是毒蛇屎中採之　廣州浛崖縣有金池彼中居人忽有養鵝鴨常於屎中見麩金片遂多養收屎淘之日得一兩或半兩因至富

張顥得飛石破之得金印

紫金帶

上以紫金帶賜岐王蓋昔高宗破高麗所得開元中高麗遣使來朝宴内殿因從容言於内臣曰紫金帶本國亡是歲荒民散干戈屢起幸内帑一見足矣上聞之命封付其使

金蠶

右千牛兵曹王文秉丹陽人世善刻石其祖嘗爲浙西廉使裴璩采碑於積石之下得一自然員石如毬形式如龜斷乃重疊如殼相包斷之至盡其大如拳復破之中有一蠶如蠐螬蠕蠕能動人不能識因棄之數年浙西亂王出奔至下蜀與鄉人夜會語及青蚨還錢事佐中或云人欲求富莫如得石中金蠶畜之則寶貨自致矣問其形狀則石中蠐螬也

黃銀

出蜀中南人罕識朝散郎顏經監在京抵當庫有以

十鈠質錢者其色重與上金無異上石則正白昔唐太宗以黃銀帶賜房玄齡時杜如晦巳死又欲賜之乃曰鬼神畏黃銀易以金帶又隋文帝時并州出黃銀刺史辛公義嘗以獻上前史唯載此二事

寶石

錫蘭中有高山參天山頂産有青美藍石黃雅鶻石青紅寶石每遇大雨衝流山下沙中拾取之

回回石頭種類不一其價亦不一大德間本土巨商中賣紅刺一塊於官重一兩三錢估值中統鈔一十四萬錠用嵌帽頂上自後　累朝皇

帝相承寶重凡正旦及天壽節大朝賀時則服用之呼曰刺亦方言也今問得其種類之名具記于後

紅石頭 四種同出一坑俱無白水　刺 淡紅色嬌　避者達 深紅色石薄方嬌

昔刺泥 黑紅色　苦木蘭 紅黑黃不正之色塊雖大石至低者

綠石頭 三種同出一坑　助把避 上等暗深綠色　助木刺 中等明綠色

撒卜泥 下等帶石淺綠色

鴉鶻　紅亞姑 上有白水　馬思艮底 帶石無光二種同坑　青亞姑 上等深青色　你藍 中等淺青色　屋撲你藍 下等如水樣帶石渾青色

黃亞姑　白亞姑

猫睛中含活光一縷　走水石新坑出者似猫睛而無光

甸子　你捨卜的即回回甸子文理細　乞里馬泥即河西甸子文理麄

荆川石即襄陽甸子色變

婆娑石

婆娑石生南海解一切毒其石緑色無斑點有金星磨之成乳汁者爲上胡人尤珎貴之以金装飾作指彄帶之每欲食及食罷含吮數四以防毒今雞冠熱血當化成水乃真也俗謂之摩娑石

靉靆

提學副使潮陽林公有二物如大錢形質薄而透明

如硝子石如琉璃色如雲毋每看文章目力昏倦不辨細書以此掩目精神不散筆畫倍明中用綾絹聯之縛于腦後人皆不識舉以問余余曰此靉靆也出于西域滿剌國或聞公得自南海賈胡必是無疑矣後見張公方洲雜錄與此正同云見　宣廟賜胡宗伯物即此以金相輪廓而衍之爲柄紐制其末合則爲一岐則爲二如市肆中等子匣又孫參政景章亦有一具云以良馬易得于西域似聞其名爲僾逮則其二字之訛也盖靉靆乃輕雲貌如輕雲之籠日月不掩其明也若作曖曃亦可

琥珀

林邑多琥珀松脂淪入地千歲爲茯苓又千歲爲琥珀又云楓脂爲之虎魄在地其上及傍不生草木深者或八九尺大如斛削去皮成焉初如桃膠凝成乃堅

寶璫

寶璫于闐其貢使每來必攜一寶璫往反如是主客官視之一鐵璫耳蓋其來道涉流沙踰三月程無薪水獨挈其木而行是鐺者投以水頃之已百沸矣用是得不乏故寶之

常燃鼎

貞元八年吳明國貢常燃鼎量容三斗光潔似玉其色紫每修飲饌不熾火而俄頃 熟香潔異於常等久而食之令人返老爲少百疾不生也

辟塵爐

武林慈德院舊有辟塵爐非木非石扣之錚然有聲纖塵不染

紫瓷盆

唐杜陽編武宗會昌元年渤海貢紫瓷盆量容半斛内外通瑩其色純紫厚可寸餘舉之則若鴻毛

銅澡盤

異苑曰中朝有人畜銅澡盤朝夕恒如人扣乃問張公公曰此盤與洛鍾宮商相應朝爲撞鍾故聲相應可錯令輕自止如其言後不復聞其聲

鵲尾杓

陳思王杓柄長置之酒樽王欲勸酒者呼之則尾指其人

玳瑁

產于海洋深處其大者不可得小者時時有之其地新官到任漁人必携一二來獻皆小者耳此物狀如

龜鼈背負十二葉有文藻即玳瑁也取用時必倒懸其身用器盛滚醋潑下逐片應手而下但不老大則其皮薄不堪用耳

玳瑁盆

唐杜陽編敬宗寶曆元年南昌國進玳瑁盆可容十斛外以金玉飾之盛夏上置殿内貯水令蒲遺嬪御持金銀杓酌水相沃終不竭焉

魚鏡

元稹登黃鶴樓望江濵有光若星使人就視得一鯉剖腹得古鏡如錢大背有雙龍其龍口中常吐光焉

水心鏡

唐説鏡龍記天寶三載五月十五日揚州進水心鏡一面縱橫九寸青瑩耀日背有盤龍長三尺四寸五分勢如生動玄宗異之七載秦中大旱詔中使孫知古引葉法善於內庫閲此鏡曰鏡龍負龍也上幸凝陰殿詔法善伺鏡龍忽於梁棟及鏡龍口鼻有白氣須臾蒲殿遂徧城內甘雨大澍

火齊鏡

王子年拾遺記曰穆王時渠國貢火齊鏡人語則鏡響應

照病鏡

葉法善有一鐵鏡鑑物如水人每有疾病以鏡照之盡見臟腑中所滯之物後以藥療之竟至痊瘥

碧玻黎鏡

扶南大船從西天竺國來賣碧玻黎鏡面廣一尺五寸重四十觔內外皎潔置五色物於其上向明視之不見其質問其價約錢百萬貫文帝令有司算之傾府庫償之不足其商人言此色界天王有福樂事天澍大雨衆寶如山納之山藏取之難得以大獸肉投之藏中肉爛黏寶一鳥銜出而即此寶焉舉國不識

無敢酬其價者以示杰公公曰上界之寶信矣昔波羅尼斯國王有大福得獲二寶鏡鏡光所照大者三十里小者十里至玄孫福盡天火燒宮大鏡光明能禦災火不至焚爇小鏡光微爲火所害雖光彩昧暗尚能辟諸毒物方圓百步盖此鏡也時王賣得金二千餘觔遂入商人之手後王福薄失其大寶收奪此鏡却入王宮此王十世孫失道國人將謀害之此鏡又出當是大臣所得其應入於商賈其價千金傾竭府庫不足也因命杰公與之論鏡由是信服更問此是瑞寶王令貨賣卽應大秦波羅柰國失羅國諸大

國王大臣所取汝輩胡客何由得之必是盜竊至此耳胡客逡巡未對俄而其國遣使追訪至梁云其鏡爲盜所竊果如其言

月鏡

王子年拾遺記曰周穆王時有石如鏡此石色白似月照面如雪謂之月鏡

七寶鏡臺

胡太后使靈昭造七寶鏡臺合有三十六室別有一婦人手各執鏁絛下一關三十六戶一時自閉若抽此關諸門咸啓婦人各出戶前

鷄鳴枕

偶武孟吳之太倉人也有詩名甞爲武岡州幕官因鑿渠得一瓦枕枕之聞其中鳴鼓起擂一更至五更鼓舞次第更轉不差既聞鷄鳴亦至三唱而曉抵暮復然武孟以爲鼂[illegible]令碎之及見其中設機局以應夜氣識者謂爲諸葛武侯鷄鳴枕也

重明枕 元和八年大軫國貢

長一尺二寸高六寸潔白逾於水精中有樓臺之狀四方有十道士持香執簡循環無已謂之行道真人其樓臺瓦木丹青真人簪帔無不悉具通瑩焉如水

覩物

游僊枕

龜兹國進枕一枚其色若馬瑙溫潤如玉其製作甚工枕之而寐則十洲三島盡在夢中帝因號遊僊枕復賜楊國忠

夜明枕

虢國夫人有夜明枕設於堂中光照一室不假燈燭

夜明杖

隱士郭休有一柱杖色如朱染叩之則有聲每出處遇夜則此杖有光可照十步之内登危陟險未嘗足

失蓋杖之力焉

龍皮扇

元寶家有一皮扇子製作甚質每暑月宴客卽以此扇子置於坐前使新水灑之則颯然風生巡酒之間客有寒色遂命徹去明皇亦曾差中使去取看愛而不受帝曰此龍皮扇子也

龍鬚拂

元載龍鬚拂紫色如爛椹可長三尺削水晶以爲柄刻紅玉以爲環鈕或風雨晦暝臨流沾濕則光彩動搖奮然如怒置之于堂中夜則蚊蚋不能近拂之爲

聲則鷄犬牛馬無不驚逸若垂之于池潭則鱗甲之屬悉俯伏而至引水于空中即成瀑布長三五尺而未嘗輙斷燒燕肉薰之則焞焞焉若生雲霧厥後上知其異載不得已而進内載自云得之于洞庭道士張知和

却寒簾

却寒簾類玳瑁斑有紫色云却寒鳥骨之所爲也

夜明簾

張說直門客通說侍兒說竒字門客不問後爲姚崇所稱書生靖以夜明簾結九公主其事遂解夜明簾

乃雞林國物

劍

錢唐有聞人紹者常寶一劍以十大釘陷柱中揮劍一削十釘皆截隱如秤衡而劍鐵無纖跡用力屈之如鈎縱之鏗然有聲復直如絃關中种諤亦畜一劍可以屈置盒中縱之復直張景陽七命論劍曰若其靈寶則舒屈無方蓋自古有此一類非常鐵能爲也

破山劍

近世有士人耕地得劍磨洗詣市有胡人求買初

還一千累上至百貫不可胡隨至其家愛玩不捨遂至百萬巳尅明日持直取劍會夜佳月士人與其妻持劍其視笑云此亦何堪至是貴價庭中有搗帛石以劍指之石即中斷及明胡載錢至取劍視之嘆曰劍光巳盡何得如此不復買士人詰之胡曰此是破山劍唯可一用吾欲持之以破寶山今光鋩頓盡疑有所觸士人夫妻悔恨向胡說其事以十千買之而去

鑌鐵

鑌鐵有礪石謂之喫鐵石剖之得鑌鐵

結骨每雨鐵收而用之號曰迦沙以爲刀劍甚銛利

鋼鐵

世間鍛鐵所謂鋼鐵者用柔鐵屈盤之乃以生鐵陷其間泥封煉之鍛令相入謂之團鋼亦謂之灌鋼此乃僞鋼耳暫假生鐵以爲堅二三煉則生鐵自熟仍是柔鐵然而天下莫以爲非者蓋未識眞鋼耳予出使至磁州鍛坊觀煉鐵方識眞鋼凡鐵之有鋼者如麪中有筋濯盡柔麪則麪筋乃見煉鋼亦然但取精鐵鍛之百餘火每鍛稱之一鍛一輕至累鍛而觔兩

不減則純鋼也雖百煉不耗矣此乃鐵之精純者其
色清明磨瑩之則黯黯然青且黑與常鐵迥異亦有
煉之至盡而全無鋼者皆繫地之所產

水秀鐵

鐵之精英在水數十年者名水秀

喚鐵

太白山有隱士郭休字退夫有運氣絕粒之術於山
中建茅屋百餘間有白雲亭鍊丹洞注易亭修真亭
朝玄壇集神閣每於白雲亭與賓客看山禽野獸郎
以槌擊一鐵片子其聲清響山中鳥獸聞之集於亭

下呼爲嗅鐵

山西鐵冶鑄火盆面洗之類出爐秉紅刷以膽礬水作古銅貨之受欺者多矣

黿脂得火可以燃鐵

水花石

女直黑龍江口出名水花石堅利入鐵可銼矢鏃人將取之必先祈神

磁石

航海固必用針以爲向尤必用磁石以養針磁石出福建之佛宇山有神最靈凡取磁石必先致禱於神

神許則往亦不多得否則皆頑石無用者

料絲

料絲燈屏風出雲南金齒衛用瑪瑙紫石英諸藥搗爲屑煮爛爲粉用北方天花菜點凝成膏乃縱横織如絹勻薄上施繪畫也

緑

銅之苗也亦出石江有銅處生石中質如石者名石緑又有一種脆爛如碎土者名泥緑品最下價亦賤

火齊

狀如雲母色如紫金有光耀別之則薄如蟬翼積之

則如紗縠之重沓也見梁書

雲母

陶隱居云按仙經雲母乃有八種向日視之色青白多黑者名雲母色黄白多青名雲英色青黄多赤名雲珠如氷露乍黄乍白名雲砂黄白皛皛形切料名雲液皎然純白明澈名磷石此六種並好服而各有時月其黯黯純黑有文斑斑如鐵者名雲膽色雜黑而強肥者名地涿此二種並不可服

空青

圖經曰空青生益州山谷及越巂山有銅處銅精熏

則生空青今信州亦時有之狀若楊梅故別名楊梅青其腹中空破之有漿者絕難得亦有大者如雞子小者如豆子三月中旬採亦無時古方雖稀用而今治眼醫障爲最要之物又曾青所出與此同山療體頗相似而色理亦無異但其形纍纍如連珠相綴今極難得又有白青出豫章山谷亦似空青圓如鐵珠色白而腹不空亦謂之碧青以其研之色碧也亦謂之魚目青以其形似魚目也無空青時亦可用今不復見之

丹砂

丹砂生符陵山谷今出辰州宜州階州而辰州者最勝謂之辰砂生深山石崖間土人採之穴地數十尺始見其苗乃白石耳謂之朱砂牀砂生石上其塊大者如雞子小者如石榴子狀若芙蓉頭箭簇連牀者紫黯若鐵色而光明瑩澈碎之嶄巖作墻壁又似雲母片可析者眞辰砂也無石者彌佳過此皆淘土石中得之非生於石牀者

冉家卭筰冉氏之裔今酋陽烏羅部落之長多冉姓者一日冉家蠻訴之曰南客子其俗散處於沿河佑溪婺川之間跋扈不譓尚武而善獵得獸必

祭而後啗之地有沙坑深者十五六里昏黑不辯咫尺土人以皮帽懸燈而入鑿厓石而採之白石若礬謂之砂床其良者若芙蓉箭簇鏃鏃迸落如橊房之解也碎者末以燒汞爲朱謂之新紅民間貿易用之比錢楮焉坑中往往得敗船朽木莫測所自朱汞有毒氣能殺人採沙汞滿三年者多死人言飲丹井者壽又言術士能凝汞成銀鍊沙成金服之可以飛昇此皆幻妄迺今採者纍纍横死無筭也仙壽之説安所徵哉

砒霜

圖經曰砒霜舊不著所出郡縣今近銅山處亦有之惟信州者佳其塊甚有大者色如鵝子黄明徹不雜此類本處自是難得之物每一兩大塊真者人競珎之市之不啻金價古服食方中亦或用之必得此類乃可入藥其市肆所蓄片如細屑亦夾土石入藥服之爲害不淺誤中解之用冷水研菉荳漿飲之乃無也

雄黄

生武都山谷燉煌山之陽今階州山中有之形塊如丹砂明澈不挾石其色如雞冠者爲真有青黒色而

堅者名熏黃有形色似眞而氣臭者名臭黃並不入服食藥只可療瘡疥耳其臭以醋洗之便可斷氣足以亂眞用之尤宜細辯又階州接西戎界出一種水窟雄黃生於山巖中有水泉流處其石名青煙石白鮮石雄黃出其中其塊大者如胡桃小者粟豆上有孔竅其色深紅而微紫體極輕虛而功用勝於常雄黃丹竈中尤所貴重或云雄黃金之苗也故南方近金坑冶處時或有之但不及西來者眞好耳

凝水石

多生河間郡名亦產邯鄲卽趙郡有縱理橫理不同惟潤

澤清明爲上置水中與水一色雖夏月亦凝爲氷故
此得凝水之名　圖經曰凝水石卽寒水石也　或
曰縱理者爲寒水石橫理者爲凝水石　東寶山山
麓産銀鉛又有龍井洞又一坑産寒水石見龍巖縣志
又有一種冷油石全與此相類但投拂油鐺中油卽
冷者也

花蕋石

極大堅重出自陝州顔色彷彿硫黃黃中間有白點
因名花蕋最難求眞

僞蜀詞人文谷好古之士也嘗詣中書舍人劉光

祚喜曰今日方與二客爲約看予桃核盃文方欲問其由客至乃青城山道士劉云次乃昇宫客沈默也劉謂之曰文員外亦奇士因令取桃核盃出視之盃濶尺餘紋彩燦然眞蟠桃之實也劉云予少年時常游華嶽逢一道士以此核取瀑泉盥漱予覩之驚駭道士笑曰爾意欲之耶卽以半片見授予寶之有年矣道士劉云出一白石圓如雞子其上有文彩隱出如畫乃是二童子持節引僊人眉目毛髪冠履衣帔纖悉皆具云於麻姑洞石穴中得之沈默亦出一石闊一寸餘長二寸五分上

隱出盤龍鱗角爪鬣無不周備云于巫峽山中得之文谷一日盡覩此奇物幸矣

銅雀硯

曹公銅雀臺瓦乃七寶和泥燒之極堅可爲銅雀硯

馬肝石

漢武時郅支進馬肝石以和丹砂食之則彌年不饑以拭白髮盡黑此石亦可作硯有光起

端硯

肇慶府高要縣羚羊峽對山出硯有三種巖石爲上西坑次之後磨又次之其色深紫瑩潤扣之其聲清

遠有青緑黄重暈圓點者謂之鴝鵒眼爲巖石其色
赤呵之乃潤鴝鵒眼色紫紋漫而大者爲西坑石其
色青紫向明側視有碎星光點如沙中雲母乾而少
潤者爲後磨石又有子石在大石中匠者識山之脉
理鑿一竅自然有圓石青紫色者琢爲硯可直千金
潘生爲予言端硯近無佳者成化中羚羊峽出奇
石嫩輭如肪以刀刳之方圓隨製迎風乃堅有文成
花卉禽魚之狀綵色爛然土人爭掘取之徃徃崩崖
所壓守臣封之今不可得矣按硯譜論溪硯以子石
爲上子石者生大石中色理瑩潤蓋石之精者也未

聞有嫩輭如肪者豈精粹之極殆石髓與硯以注水不耗而發墨者爲佳鸜鵒眼爲眞今之有眼者不少矣而不耗發墨者難得也

鴝鵒眼死活

黄黑相間鷖睛在内晶瑩可愛謂之活眼四傍浸漬不甚睛明謂之淚眼形體畧具内外皆白殊無光彩謂之死眼活勝淚淚勝死死勝無

歙硯

歙硯石出龍尾溪堅勁發墨遠勝端溪者

紅絲石硯

出青州外有皮磨礱去即其理紅黃相參理黃者其絲紅理紅者其絲黃須飲水使足可用不然渴燥唐彦猷甚奇之謂不減端石

鼉磯硯

出登州鼉磯島中距蓬萊百餘里波濤深處有石之可硯者金星雪浪頗爲世重故取之者不憚於没溺焉

石脉

石脉出脯東國細如絲可縋萬斤生石裏破石而後得此脉縈緒如麻紵也名曰石麻亦可爲布也

墨井出河南彰德府南郭村井中產石脉

廣州記筑陽縣有墨山山石悉如墨萬花谷集荆州記云懷化郡掘塹得石墨甚多精好可寫書

陽起石

出歷城西北藥山山惟一穴官中常禁歲久穴益深得之甚難以色白肌理明瑩若狼牙者爲上磨水透楮見日則飛故曰陽起石

無名異

出大食國內今廣州宜州亦有生山谷石中大者若彈丸小者如櫧栗又云小者如墨石子顏色黑褐嚼之餳甜鷄血滴之

即化爲水 謨按海南人云有石無名異絶難得有草無名異彼人不甚貴重豈本經説者爲石而今所有者爲草乎 無名異小黑石子也桂林山中極多一包數百枚

昌化軍棊子灣

峻靈山側有石如棊子每取之即以紙錢拋神山之下所取不得揀選取畢視之黑白相均

硇砂

撒馬兒罕白山山中常火烟出硇砂處採者着木底鞋皮底即焦下有穴生青泥出穴外即爲砂石土八

取以治皮

大理府點蒼石

點蒼山出其石白質青文有山水草木狀人多琢以爲屏　大理點蒼山即出屏風石處其山陰崖中積雪尤多每歲五六月土人入夜上山取雪五更下山賣市中人爭買以爲佳致盖盛暑嚼雪誠不俗也

天水軍花石

艾蒿下鎮峽中有青石青質黑理其紋有松栢人物溪橋水石山林樓屋日月之狀可爲屏

方解石

方解[redacted]今注此物大體與石膏相似惟不附石而生端然獨處形塊大小不定或在土中或生溪水得之敲破皆方解故以爲名

占雨石

學士蘇頲有一錦紋花石鏤爲筆架嘗置於硯席間每天欲雨即此石架津出如汗逡巡而雨頲以此常爲雨候固無差矣

石花

白色圓如覆大馬杓上有百十枝每枝各槎牙分岐如鹿角上有細紋起以指撩之錚錚然有聲此石花

也多生海中石上世方難得家中自有一本後又於大相國宮中見一本然其體甚脆不禁觸擊

石油

石油延川延長二縣出自石中流出每歲秋後居民取之可以燃燈療瘡

石脂水

高奴縣石脂水水膩浮水上如漆採以膏車及燃燈極明

猛火油

猛火油得水愈熾國人用以水戰

石器

出掖縣色青白或有五色潤膩如玉具備煙雲山水竹木人物之狀萊人取之雕琢爲器

石蛇

盤曲似蛇但無首尾內空紅紫着色又如車螺蝕與石蠏類同不知何物所化以左盤者爲善

石蠏

石蠏生于崖之榆林港港內半里許土極細膩最寒但蠏入則不運動片時成石矣人獲之則曰石蠏相傳置之几案能明目

石梅

生海中一叢數枝橫斜瘦硬形色眞枯梅也雖巧工造作所不能及根所附著如覆菌或云本質爲海水所化如石蟹石蝦之類

石栢

生海中一幹極細上有一葉宛是側栢扶疎無小異根所附著如烏藥

石枇杷

石枇杷生海中枝柯文理儼然眞枇杷樹也

犬吠石

婺源縣有大黃石自山墜于谿側瑩徹可愛羣犬見而競吠之數日村人不堪其喧乃相與推致水中犬又俯水而吠愈急取而碎之犬乃不吠

常堅氷

常堅氷云其國有大凝山其中有氷千年不釋及齎至京師潔冷如故雖盛暑赫日終不消嚼之即與中國氷凍無異

錦

劉熙釋名曰錦金也作之用功重其價如金故制字帛與金也丹陽記曰歷代尚未有錦而成都獨稱妙

故三國時魏則市於蜀吳亦資西蜀至是始乃有之
益州記曰錦城在益州南筰橋東流江南岸昔蜀時
故錦宮也處號錦里城墉猶在鄴中記曰錦有大登
高小登高大明光小明光大博山小博山大茱萸小
茱萸大交龍小交龍蒲桃文錦斑文錦鳳皇朱雀錦
韜文錦桃核文錦或青綈或白綈或黃綈或綠綈或
紫綈或蜀綈工巧百數不可盡名也見初學記

火毳

注云火毳即火浣布也神異經曰南方有火山長四
十里廣四五里生不燼之木晝夜火燃得烈風不猛

暴雨不滅火中有鼠重百觔毛長二尺餘細如絲可
居火中時時出外而色白以水逐沃之即死績其毛
織以作布用之若汙以火燒之則清潔也傳子曰長
老說漢桓時梁冀作火浣布單衣會賓客行酒公卿
朝臣前佯爭酒失杯而汙之冀僞怒解衣燒之布得
火燁然而熾如燒凡布垢盡火滅粲然潔白如水澣
也

扶南土俗傳云火洲在馬五洲之東可千餘里春
月霖雨雨止則火然洲上林木得雨則皮黑得火
則皮白諸左右洲人以春月取其木皮績以爲布

或作燈炷布小若穢投之火中使潔岑樓慎氏曰予閱毗騫傳其布與蕉麻無異而色微青黑因憶少年閩中所見火浣布無以異也故記之

玄中記曰南方有炎山焉在扶南國之東加營國之北諸薄國之西山從四月而火生十二月火滅正月二月火不然山但出雲氣而草木生葉枝條至四月火然草木葉落如中國寒時草木葉落也行人以正月二月三月行過此山下取柴以爲薪燃之無盡時取其皮績之爲火浣布

十洲記曰炎洲在南海中地方二千里去岸九萬里上有風生獸似豹青色大如狸張取之積薪數

車以燒之薪盡而此獸在火中燃其毛不燋斫刺不入打之如皮囊以鐵鎚鍛其頭數十下乃死以其口向風須臾便活而起以石上菖蒲塞其鼻即死取其腦菊花服之盡十觔得壽五百歲又曰有火林山山中有火獸大如鼠毛長三四寸或白山可百里許取其獸毛績以爲布名曰火澣布國人衣服之垢涴以水浣濯之終日不潔以火燒布兩食久許出其垢即去白如雪

廣志曰火洲在南海中火燃洲其木不死更鮮

抱朴子曰南海之中蕭丘之中有自生之火常以

春起而秋滅丘方千里當火起時此丘上純生一種木火起正着此木木雖爲火所着但小燋黑人或以爲薪者如常薪但不■炭炊熟則灌滅之後復更用如此無窮又夷人取木華績以爲火浣布木皮亦剥以灰煑爲布但不及華細好耳　又曰有白鼠大者重數觔毛長三寸居空木中其毛亦可績爲布故火浣布有三種焉

火蠶緜

出火洲絮衣一襲止用一兩稍過度則熇蒸之氣不可奈

鮮卑角端牛以角爲弓代謂角端弓者也又納鼲
子皮毛柔軟故天下以爲名裘

吳夫人

吳主趙夫人趙達之妹也善畫巧妙無雙能於指間
以彩絲織爲雲龍虬鳳之錦大則盈尺小則方寸宮
中謂之機絶孫權常嘆魏蜀未平軍旅之隙思得善
畫者使圖作山川地勢軍陣之象達乃進其妹權使
寫九州江湖方嶽之勢夫人曰丹青之色甚易歇滅
不可久寳妾能刺繡列萬國於方帛之上寫以五嶽
河海城邑行陣之形乃進於吳主時人謂之針絶雖

棘刺木猴雲梯飛鳶無過此麗也權居昭陽宮倦暑乃褰紫綃之帷夫人曰此不足貴也權使夫人指其意思焉答曰妾欲窮慮盡思能使下綃帷而清風自入視外無有蔽礙列侍者飄然自凉若馭風而行也權稱善則夫人乃析髮以神膠續之神膠出鬱夷國接弓弩之斷絃者百斷百續乃織爲羅縠累月而成裁之爲幔內外視之飄飄如煙氣輕動而房內自凉時權尚在軍旅常以此幔自隨以爲征幕舒之則廣縱數丈卷之則可內於枕中時人謂之絲絕故吳有三絕四海無儔其妙

氷蠶

拾遺記曰員嶠山名環丘有氷蠶以霜雪覆之然後作繭其色五彩織爲文錦入水不濡投火不燎唐堯之代海人獻以爲黼黻

魚油錦

女王國貢魚油錦紋綵尤異入水不濡濕云有魚油故也

琴瑟幙

其幙色如琴瑟濶三尺長一百尺輕明虛薄無以爲比向空張之則疎朗之文如碧絲之貫其珠雖大雨

暴降不能沾濕云以蛟人瑞香膏所傳故也稱得鬼谷國

神錦衾 元和八年大軫國貢

錦衾水蠶絲所織方二尺厚一寸其上厂文鳳彩殆非人工其國以五色石甃池塘採大柘葉飼蠶於池中始生 蚑睷游泳其間及長可五六寸池中有挺荷雖驚風疾吹不能動大者可闊三四尺而蠶經十五日卽跳入荷中以成其繭形如方斗自然五色國人繅之以織神錦亦謂之靈泉絲上始覽錦衾與嬪御大笑曰此不足以爲嬰兒繃褓曷能爲我被耶使

者曰此錦之絲水蠶也得水即舒水火相返遇火則縮遂於上前令四官張之以水一噴即方二丈五色煥爛逾於向時上歎曰本乎天者親上本乎地者親下不亦然哉則却令以火逼之須臾如故

紫綃帳

元載得于南海溪洞之帥首即絞綃類也輕疎而薄如無所礙雖當時凝寒風不能入盛夏則清涼自至其色隱隱或不知其帳也謂載卧內有紫氣

澄水帛

同昌公主一日大會韋氏之族于廣化里玉饌具陳

暑氣將甚公主命取澄水帛以蘸之挂于南軒蒲座皆思挾纊澄水帛長八九尺似布而細明薄可鑒云其中有龍涎故能消暑也

紅虯脯

紅虯脯非虯也但貯于盤中縷健如紅絲高一尺以筯抑之無三四分撤卽復故

明霞錦

唐宣宗大中初女蠻國獻明霞錦練水香麻以爲也光耀芬馥著人五色相間而美麗於中國之錦

西洋布幅廣至四五尺

浮光裘

敬宗寶曆元年南昌國進浮光裘即紫海水染其色也以五彩絲成龍鳳飾以五色真珠上衣之以獵北苑爲朝日所照光彩摇動一日從禽忽值暴雨而裘略無沾潤上異之出杜陽編

軿羅衣

敬宗寶曆二年閩東國貢舞女二人衣軿羅之衣無縫而成其文巧織人未之識焉

百鳥毛裙

安樂公主使尚方合鳥毛織二裙正視爲一色旁視

爲一色日中爲一色影中爲一色而百鳥之狀皆見以其一獻韋后（見五行志）

集翠裘

薛用弱集異則天時南海郡獻集翠裘珍麗異常張昌宗侍側因以賜之命披裘供奉雙陸狄梁公入奏事則天因命與昌宗爭先三籌賭所衣毛裘狄指所衣紫絁袍曰臣以此敵上笑曰卿未知此物價逾千金卿之所指爲不等矣狄曰臣此袍乃大臣朝見奏對之衣昌宗所衣乃嬖倖寵遇之服對臣之袍臣猶怏怏則天遂依昌宗連北梁公褫袍而出至光範門

付還之

鷟衾

孟蜀主一錦被其濶猶今之三幅帛而一梭織成被頭作二穴若雲版樣盖以叩于項下如盤領狀兩側餘錦則擁覆于肩此之謂鷟衾也楊元誠太史言皃時聞尊人樞密公云嘗於宋官庫見之

鳳尾袍

鳳尾袍者相國桑維翰時未仕緼衣也謂其繿縷穿結類乎鳳尾

吴綾致火

晉惠帝永康元年納后羊氏將入宮衣中忽有火衆咸怪之後后坐廢時以爲先事之兆然予嘗觀張靖之方洲集內記景泰中一日暮歸入室更衣暗中有火星星自裙帶中出晶熒流落凡三四見家人相顧失色忽憶張茂先積油致火之說而所服乃吳綾俗所謂油段子工家又多以脂發光潤兼時以被酒氣蒸因是致火本無他異也羊后所致或亦類此而當時特以其不終遂以爲怪異云耳

起紋秋水席

顯德中書堂設起紋秋水席色如蒲萄紫而柔薄類

綿疊之可置研匣中吏偶覆水水皆散去不能沾濡不識其何物爲之

鬭磨大同簟

李文饒家藏會昌所賜大同簟其體白竹也鬭磨平密了無罅隙但如一度膩玉耳

琴增二絃

注云三禮圖曰琴本五絃曰宫商角徵羽文王琴增曰少宫少商絃最清也

古琴名

冰清　春雷　玉振　黄鵠　秋嘯

鳴玉　瓊響　秋籟　懷古　南薰

大雅　松雪　浮磬　奔雷　存古

寒玉　百衲　響泉　冠古　韻磬

洊深　天球

混沌材　萬壑松　雪夜冰　玉澗鳴泉

石上清泉　秋塘寒玉

九霄環珮

琵琶

樂家以自下逆鼓曰琵自上順鼓曰琶

北苑妝

江南晚季建陽進茶油花子大小形製各別極可愛宮嬪縷金于面皆以淡妝以此花餅施于額上時號北苑妝

開元御愛眉

五代宮中畫開元御愛眉小山眉五岳眉垂珠眉月稜眉分梢眉涵煙眉國初小山尚行得之宦者竇季明

淺文殊

范陽鳳池院尼童子年未二十穠艷明俊頗通賓游創作新眉輕纖不類時俗人以其佛弟子謂之淺文

殊眉

修眉史

瑩姐平康妓也玉净花明尤善梳掠畫眉日作一樣唐斯立戲之曰西蜀有十眉圖汝眉癖若是可作百眉圖更假以歲年當率同志爲修眉史矣

臙脂暈品

僖昭時都下倡家競事妝唇婦女以此分妍否其略有臙脂暈品石榴嬌大紅春小紅春嫩吳香半邊嬌萬金紅聖檀心露珠兒內家圓天宮巧洛兒殷淡紅心腥腥暈小朱龍格雙（格一作暈）唐媚花奴樣子

寫山水訣

近代作畫多宗董源李成二家筆法樹石各不相似學者當盡心焉　樹要四面俱有榦與枝蓋取其圓潤　樹要有身分畫家謂之紐子要折搭得中樹身各要有發生　樹要偃仰稀密相間有葉樹枝軟面後皆有仰枝　畫石之法先從淡墨起可改可救漸用濃墨者爲上石無十步真石看三面用方圓之法須方多圓少　董源坡脚下多有碎石乃畫建康山勢董石謂之麻皮皴坡脚先向筆畫邊皴起然後用淡墨破其深凹處著色不離乎此石著色要重　董

源小山石謂之礬頭山中有雲氣此皆金陵山景皴法要滲軟下有沙地用淡墨掃屈曲爲之再用淡墨破　山論三遠從下相連不斷謂之平遠從近隔開相對謂之濶遠從山外遠景謂之高遠　山水中用筆法謂之筋骨相連有筆有墨之分用描處糊突其筆謂之有墨水筆不動描法謂之有筆此畫家緊要處山石樹木皆用此　大槩樹要填空（去聲）小樹大樹一偃一仰向背濃淡各不少相犯繁處閒踈處須要得中若畫得純熟自然筆法出現　畫石之妙用藤黃水浸入墨筆自然潤色不可用多多則要滯筆間

用螺青入墨亦妙吳妝容易入眼使墨士氣　皮袋中置描筆在內或於好景處見樹有怪異便當模寫記之分外有發生之意登樓望空濶處氣韻看雲采即是山頭景物李成郭熙皆用此法郭熙畫石如雲古人云天開圖畫者是也　山水中唯水口最難畫遠水無灣遠人無目　水出高源自上而下切不可斷派要取活流之源　山頭要折搭轉換山脉皆順此活法也衆峯如相揖遜萬樹相從如大軍領卒森然有不可犯之色此寫真山之形也　山坡中可以置屋舍水中可置小艇從此有生氣山腰用雲氣

見得山勢高不可測　畫石之法最要形象不要石有三面或在上在左側皆可爲面臨筆之際殆要取用　山下有水潭謂之瀨畫此甚有生意四邊用樹簇之　畫一窠一石當逸墨撇脫有士人家風纔多便入畫工之流矣　或畫山水一幅先立題目然後著筆若無題目便不成畫更要記春夏秋冬景色春則萬物發生夏則樹木繁冗秋則萬象肅殺冬則煙雲黯淡天色糢糊能畫此者爲上矣　李成畫坡脚須要數層取其濕厚米元章論李光丞有後代兒孫昌盛果出爲官者最多畫亦有風水存焉　松樹不

見根喻君子在野雜樹喻小人崢嶸之意　夏山欲雨要帶水筆山上有石小塊堆在上謂之礬頭用水筆暈開加淡螺青又是一般秀潤畫不過意思而已冬景借地為雪薄粉暈山頭　山水之法在乎隨機應變先記皴法不雜布置遠近相映大槩與寫字一般以熟為妙紙上難畫絹上礬了好著筆好用顏色易入眼先命題目此為之上品古人作畫胸次寬潤布景自然合古人意趣畫法盡矣　好絹用水噴濕石上槌眼匾然後上幀子礬法春秋膠礬停夏月膠多礬少冬天礬多膠少　著色螺青拂石上藤黄

入墨畫樹甚色潤好看　作畫祇是箇理字最緊要
吳融詩云良工善得丹青理　作畫用墨最難但先
用淡墨積至可觀處然後用焦墨濃墨分出畦徑遠
近故在生紙上有許多滋潤處李成惜墨如金是也
作畫大要去邪甜俗賴四箇字

衮服

宣和中王鼎上疏云衮服由漢至今畫山皆用青有
戾於周禮山以章之義畫虎與蜼而不畫虎蜼之彝
有戾於書宗彝之義至於畫藻則叢以碎葉亦不知
古人觀象於藻棁同意臣謂畫山尚以赤白故考工

記曰繪畫之事赤與白謂之章而下文曰山以章也畫山以赤白之章亦猶畫黼以白與黑畫黻以黑與青也詩曰象服是宜鄭氏云揄翟闕翟之類不獨后夫人之服如此人君之服亦然書亦曰予欲觀古人之象然則袞服豈無所取象乎謹按天垂象見吉凶是天言象也易有四象所以示是易言象也袞之制繪日月星辰豈非法天之象歟畫山龍華蟲藻火粉米黼黻豈非法易之象歟繫辭曰黄帝堯舜垂衣裳而天下治蓋取諸乾坤是衣以陽而在上取乾之象裳以陰而在下取坤之象而袞服山取艮之象黼取

巽之象黻取坎之象宗彝取重震之象黼類而長之無有無所象者亦患不細考之耳

按樂圖

國史補云客有以按樂圖示王維維曰此霓裳第三疊第一拍也客未然引工按曲乃信此好奇者爲之曰凡畫樂工能奏一聲金石絲竹同用一字何由無此聲豈獨霓裳哉霓裳曲凡十三疊前六疊無拍至第七疊始有拍而舞作故曰樂天詩中序擘騞初入拍中序即第七疊也第三疊安得有拍也即見其妄

賢巳圖

元祐間黄秦諸君子在館暇日觀畫山谷出李龍眠所作賢已圖博奕摴蒱之儔咸列焉博者六七人方据一局骰迸盆中五皆玆而一猶旋轉不已一人俯盆疾呼旁觀皆變色起立纖穠態度曲盡其妙相與嘆賞以爲卓絶適東坡從外來睨之曰李龍眠天下士顧乃效閩人語邪衆咸怪請其故東坡曰四海語音言六皆合口惟閩音則張口今盆中皆六一猶未定法當呼六而疾呼者乃張口何也龍眠聞之亦笑而服報史

小像

王思善繹 自號癡絶生其先睢人居杭之新門篤志好學雅有才思至正乙酉間攜李蘖居仲 廣居 寓思善之東里教授余從永嘉李五峯先生 孝先 往訪之時思善在諸生中年方十二三已能丹青亦解寫真先生即俾作一圓光小像面部僅大如錢而宛然無毫髮異先生喜作文以華之爾後余復託交於其尊人日華 昇 遂與思善爲忘年友思善繼得吳中顧周道 逵 緒言開發益造精微是故於小像特妙非惟貌人之形似抑且得人之神氣

狀如欲偶

劉瑱少有行業文藻篆隸丹青並爲當世第一瑱妹爲齊鄱陽王妃伉儷甚篤王爲齊明帝所誅妃追傷成疾醫所不療有陳郡殷蒨善寫人面與真不別瑱令蒨畫王形像并圖王平生所寵姬共照鏡狀如欲偶寢瑱乃密使媼奶示妃妃視仍唾之因罵云故宜早死於是恩情即歇病亦除差

二畫優劣

郭令公女壻趙縱侍郎嘗令韓幹寫真衆皆稱美後又請昉寫真二人皆有能名令公嘗列二畫於座未能定其優劣因趙夫人歸省令公問云此何人對曰

趙郎何者最似云兩畫總似後畫者佳又問何以言之前畫空得趙郎狀貌後畫兼移其神思情性笑言之姿令公問後畫者何人乃云周昉是日定二畫之優劣

從軍行

故德州王使君椅家有筆一管約一寸麤於常用筆管兩頭各出半寸以來中間刻從軍行兩何若庭前琪樹已堪攀塞外征人殊未還是也似非人功其畫跡若粉描向明方可辨之云用鼠牙刻故崔郎中鋋文有王氏筆管記是也類韓文公畫記椅玄寘子紹

遵生八箋

燕閒清賞箋上

論畫

大悲觀音像

唐大中年范瓊所作像軀不盈尺而三十六臂皆端重安穩如汝州香山大悲化身自作塑像襄陽東津大悲化身自作畫像意韻相若蓋臂手雖多左右相對偶其意相應混然天成不見其有餘所執諸物各盡其妙筆跡如縷而精勁溫潤妙窮毫釐其盧楞伽曹仲宣之徒歟

長帶觀音

龍眠居士李伯時所作名公麟登進士第以文學有

名于時學佛悟道深得微旨立朝籍籍有聲博求鍾鼎古器珪璧寶玩森然蒲家雅好畫心通意微直造玄妙蓋其天才軼舉皆過人也士大夫以謂鞍馬愈於韓幹佛像可近吳道玄山水似李思訓人物似韓滉非過論也今觀此像固非世俗可以彷彿而紳帶特長一身有半蓋出奇玄異使世俗驚惑而不失其勝絕處也此見伯時爲延安呂觀文吉甫作石上卧觀音像前此未聞有此樣亦出奇也唐閻立本楊炎能畫不害其爲貴人王維鄭虔能畫不害其爲賢士國朝燕龍圖穆之宋郎中復古與伯時皆能畫何[illegible]

於古耶宗室光州防禦使令穰字大年予雖未之識
然雅聞有美才高行讀書能文自少善作山水士大
夫家往往有之以爲珍玩大年與德麟同出太祖皇
帝之後於德麟爲兄早喪以故德麟所收皆大年
平時所得意者大年用五色作山水竹樹鳧鴈之類
有唐朝名畫風調江都王鞍馬滕王蛺蝶圖皆唐宗
室之妙畫可與之方駕並騁矣乃知貴人天質自異
所專習則必度越流俗也

大佛像

蜀張南本所作也世之畫史但能寫物之定形故水

火之狀難盡其變始張南本與孫位並學畫水皆得
其法南本以爲同能不如獨勝遂專意畫火獨得其
妙今此辟支佛結跏趺坐火周其身筆氣炎銳得火
之性觀者以煙飛電掣烈烈有焚林燎原之勢佛以
定慧力坐其間安然不動則毫末小利害足以動其
心乎予爲之偈曰大士坐禪心若水月火周其身熾
焰炎烈靜觀無始火本不熱與火相忘何生何滅吾
觀若人孰懼燒刦

春龍起蟄圖

蜀文成殿下道院軍將孫位所作山臨大江有二龍

自山下出龍蜿蜒驤首雲閒水隨雲氣布上雨自爪鬣中出魚鰕隨之或半空而隕一龍尾尚在穴前踞大石而蹲舉首望雲中意欲俱往怒爪如腥草木盡靡波濤震駭澗谷瀰漫山下橋路皆没山中居民老小聚觀闔戶闞牖人人驚畏若屋顛墜筆勢超軼氣象雄放非其胸中磊落不凡能窺神物變化窮究百物情狀未易能也位後名與蓋遇異人得度世法信乎非俗士也

歸龍入海圖

毗陵戚化元所作筆力崢嶸善作風浪起伏之勢令

人心目眩漾一龍蜿蜒翔于水上然先後之浪皆勻未有翻湧濆薄之形雲氣雖從然不自水出予見而知之曰此非游龍出海圖乃歸龍入海圖也因以名之

乳虎圖

宣城包鼎所作絹素雖破而毛色精潤如新包氏以虎世其家而鼎之所畫居最虎天下之至猛於牽制父子牲牡之情則雖威而不怒荒榛赤草鳥噪其上兩虎引子而行意甚安佚其雄前行觀其意中亦有禦衛之意小虎爪牙未備已有食牛之氣但吞噬之

獸夫婦父子相從而群行人或遇之誠可懼也

寒龜曝背圖

蜀黃監所作（即黃筌也）筆墨老硬無少柔媚監平時所作雀竹魚鱉龍亦皆淡色鮮筆以示其巧此獨爲水墨枯林之下一龜盤跚曳尾而行若春雷已動餘寒未去負朝陽以曝其背有緩孿跧之態其趣甚樂頃在丞相尤公家見監一龜筆與此無異但其色光澤水旁之草方茂盖方自水中出又非寒時其狀不得不殊故觀者當審其畫時用意處也

棘鷄柘條銅嘴

皆南唐鍾隱所作隱天台人以其隱於鍾山遂爲姓
名蓋處士也畫筆高淡簡遠工於用墨筆跡混成外
無稜刺木耳鳥羽皆用淡色意就而成世俗畫鵰狸
鷹兎鷄雉鶡雀之類皆作禽奮搏擊之狀欲示其猛
隱所作鷄子坐枯枝工貌甚閑暇注日草中之鶴其
意欲取蹲縮作得兵家所謂鷙鳥之擊必匿之形使
人想其霜拳老足必無慮下也世俗銅嘴多作環子
豔婦琱籠采縷以爲之飾雖成工巧而凡猥可憎隱
聽作銅嘴坐朽條上有得陰忘之意傍有大樹蒼皮
蘚駁下有藂竹茂密春風野色駘蕩在目然老樹欲

卧不見條杖竹枝雖多景若未盡當是金陵霸府中大屏之一扇或大圖之一幅筆墨相若而景物與此連屬疑爲此畫之旁軸惜乎不能覩其全也

晝夜牛

本朝太宗時李至獻畫牛晝則囓草欄外夜則歸卧欄中莫曉其理僧贊寧曰此幻藥所畫南海倭國有蚌淚和色著物晝見夜隱沃焦山有石磨色染物晝隱夜見

牛鬬尾入股間

有藏戴嵩牛鬬與客觀旁有一牧童曰牛鬬力在前

尾入兩股間今尾掉何也

畫花在似不在似

畫花趙昌意在似徐熙意不在似非高於畫者不能以似不似第其高遠蓋意不在似者太史公之於文杜陵老之於詩是也

通神手

開元中李思訓畫大同殿壁明皇諭之曰卿所畫夜聞水聲眞通神佳手

雲漢北風圖

漢桓帝時劉褒畫雲漢圖見者皆熱及畫北風圖見

者皆寒

水畫

李叔詹常識一范陽山人停於私第時語休咎必口兼善推步禁呪止半年忽謂李曰其有一藝將去欲以爲別所謂水畫也乃請後廳上掘地爲池方丈深尺餘泥以麻灰日沒水蒲之候水不耗具丹青墨硯先援筆叩齒良乃縱筆毫水上就視但見水色渾渾耳經二日搨以禬絹四幅食頃舉出觀之古松怪石人物屋木無不備也李驚[illegible]若詰之惟言善能禁彩色不令沉散而已

碑印紅沫

徑山宋時萬壽禪寺大碑其中一御寶至今如朱砂印痕風雨不剝蝕人皆不識其故此名紅沫也紅沫者鍊丹砂爲黄金碎以染筆書入石中雖削去愈明想内府用此

印

諸司印玟疊篆御史印撥疊文淵閣印玉著將軍掛印柳葉

窰器

宋葉寘坦齋筆衡云陶器自舜時便有三代迄于秦

漢所謂甓器是也今土中得者其質渾厚不務色澤
末俗尚靡不貴金玉而貴銅磁遂有祕色窯器世言
錢氏有國日越州燒進不得臣庶用故云祕色陸龜
蒙詩九秋風露越窯開奪得千峯翠色來如向中霄
盛沆瀣共稽中散鬭遺桮乃知唐世已有非始於錢
氏本朝以定州白磁器有芒不堪用遂命汝州造青
窯器故河北唐鄧耀州悉有之汝窯爲魁江南則處
州龍泉縣窯質頗麤厚政和間京師自置窯燒造名
曰官窯中興渡江有邵成章提舉後苑號邵局襲故
京遺製置窯于修内司造青器名内窯澄泥爲範極

其精製油色瑩徹爲世所珍後郊壇下別立新窰比
舊窰大不侔矣餘如烏泥窰餘杭窰續窰皆非官窰
比若謂舊越窰不復見矣

永和人有舒翁者爲玩器而舒嬌尤精翁之女也
其爐甕諸色與哥窰等價

鄱陽白

先君子蓄紙百幅長如一匹絹光緊厚白謂之鄱陽
白問饒人云本地無此物也

岑樓愼氏曰父抄蜀錦蜀箋二篇文字錦箋固巧
而文之奇麗亦能曲盡其妙沒後散失書此以俟

飛白

飛白書始於蔡邕在鴻都學見匠人施堊帚遂創意焉梁子雲能之武帝謂曰蔡邕飛而不白羲之白而不飛飛白之間在卿斟酌耳

率更令歐陽詢行見古碑索靖所書駐馬觀之良久而去數百步復還下馬佇立疲則布毯坐觀因宿其傍三日而後去

鍾繇嘔血

鍾繇見蔡邕筆法椎胷三日因嘔血

衛夫人流涕

羊欣筆陣圖曰王羲之年十二見前代筆說於其父枕中竊而讀之父因與之不旬日書便大進又學衛夫人書夫人見其書流涕曰此子必蔽吾名

墨猪

王逸少云凡字多肉微骨謂之墨猪書法

蘭亭序

羲之蘭亭草號爲最得意宋齊間不聞稱道者求思晚出此書諸儒皆推其真行之祖所以唐太宗必欲得之其後公私相盜至於發冢今遂亡之定武本蓋得髣髴褚庭誨所臨極肥洛陽張景元斸地得缺石

極瘦定武則肥不剩肉瘦不露骨猶可想其風流三石刻皆有佳處不必寶已有而非彼也

王羲之變格難傳

李嗣真論右軍書每不同以變格難傳書樂毅論太史箴體皆正直有忠臣烈士之象告誓文曹俄碑其容憔悴有孝子順孫之象逍遥篇孤鴈賦迹遠趣高有拔俗抱素之象畫像贊洛神賦姿儀雅麗有矜莊嚴肅之象皆見義以成字非得意以獨妍

家雞野鶩

南史王僧虔庾翼少待書與右軍齊名右軍後進庾

猶不忿與都下人書云小兒輩厭家雞愛野鶩皆學逸少書又云庾征西初亦不服逸少有家雞野鶩之論後以爲伯英復生

戈法

太宗學虞世南隸書每難於戈法一日書遇戩字召虞世南補寫其戈以示魏徵徵曰仰窺聖作内戩字戈法逼真帝賞其鑒識

張顛以頭濡墨

張旭善草書大醉呼叫狂走乃下筆或以頭濡墨而書旣醒自視以爲神不可復得世呼張顛

觀舞劍而得其神

張旭自言始見公主檐夫爭道又聞鼓吹而得筆法意觀公孫大娘舞劍器而得其神後人論書者得法惟崔邈顏眞卿云

老人陳牒求判

張旭爲常熟尉有老人陳牒乞判宿昔又來旭怒老人曰觀公筆奇妙欲以藏家爾因問所藏盡出其父書旭視之天下奇筆也自是盡其法

寫細字

江南野史應用善寫細字微如毛髮嘗於一錢上寫

心經又於粒麻上寫國泰民安四字

鸚哥嬌

劉十五論李十八草書謂之鸚哥嬌謂鸚鵡能言不過數句大率鳥語十八其後稍進以書問僕曰比舊日何如僕云可作秦吉了矣然僕此書自有公在乾侯之意也

蔡君謨爲本朝第一

五代楊凝式筆迹雄強往往與顏行相上下世多稱李建中宋宣獻此二人書僕所不曉宋寒李俗殆浪得名惟蔡君謨姿格既高當爲本朝第一

辯博書畫古器

宋番易張世南宦游紀聞云辯博書畫古器前輩蓋嘗著書矣其間有論議而未詳明者如臨摹硬黄響榻是四者各有其說今人皆謂臨摹爲一體殊不知臨之與摹迥然不同臨謂置紙在旁觀其大小濃淡形執而學之若臨淵之臨摹謂以薄紙覆上隨其曲折婉轉用筆曰摹硬黄謂置紙熱熨斗上以黄蠟塗勻儼如枕角毫釐必見響榻謂以紙覆其上就明窓牖間映光摹之辯古器則有所謂款識臘茶色朱砂斑眞青緑井口之類方爲眞古其製作有雲紋雷紋

山紋輕重雷紋垂花雷紋鱗紋細紋粟紋蟬紋黃目飛廉饕餮蛟螭虬龍麟鳳熊虎龜蛇鹿馬象鸞夔犧蜼鳧雙魚蟠虺如意圜絡盤雲百乳鸚耳貫耳偃耳直耳附耳挾耳獸耳虎耳獸足夔足百獸三螭穟草瑞草纂帶（若蚪結之執）星帶（四旁飾以星象）輔乳（鍾名用以節樂者）碎乳（鍾名大乳三十六外復有小乳周之）立夔雙夔之類凡古器制度一有合此則以名之如雲雷鍾鹿馬洗鸚耳壺之類是也如有款識則以款識名如周叔液鼎齊侯鍾之類是也古器之名則有鍾（大曰特中曰鎛小曰編）鼎尊罍彝舟（類洗而有耳）卣（音酉又音由中尊器也有攀蓋足類壺）甁爵斝（有耳有流有足流即觜也）卮觶

之敧切酒觴也角類爵而無柱梧敦簠其形方簋類鼎而矮蓋有四足豆獻牛偃
切無底甗也錠徒徑切又都定切斝觚鬲形製同鼎漢志謂空足曰鬲鍑才宥切玉
篇云似釜而大其實類小瓮而有環盉戶戈切又胡臥切盛五味之器也似鼎而有蓋有觜有鋬攀
壺其類有四曰圓曰匾曰方曰溫奩於含切覆蓋也似洗樣而腰大有足有提攀瓿蒲後切類
壺而矮鋪類豆鋪陳薦獻之義罍類釜鑑盛水器上方如馬鏤底如風窓下設盤以盛之匜
代支切沃盥器盤洗盆銷呼玄切類洗玉篇云小盆也杅磬錞鐸征類鍾而矮
鐃戚鏚飾物柄者奩鑑即鏡節鉞戈矛盾琴機表坐旂鈴刀
筆杖頭蹲龍宮廟乘輿之飾或云闌楯間物鳩車兒戲之具提梁龜蛇硯
滴車輅托轅之屬此其大槩難於盡備然知此者亦
思過半矣所謂欵識乃分二義欵謂陰字是凹入者

刻畫成之　謂陽字是挺出者正如臨之與摹各自不同也臘茶色亦有差別三代及秦漢間器流傳世間歲月寖久其色微黄而潤澤今士大夫間論古器以極薄爲貴此蓋一偏之見也亦有極薄者有極厚者但觀製作色澤自可見也亦有數百年前句容所鑄其藝亦精今鑄不及必竟黒而燥須自然古色方爲真古器也趙希鵠洞天清録集古鍾鼎彝器辯云夏尚忠商尚質其制器亦然商器質素無文周器雕篆細密此固一定不易之論而夏器獨不然余嘗見夏琱戈於銅上相嵌以金其細如髪夏器大抵皆然

歲久金脫則成陰竅以其刻畫者成凹也銅器入土千年純青如鋪翠其色子後稍淡午後乘陰氣翠潤欲滴閒有土蝕處或穿或剥並如蝸篆自然或有斧痕則是僞也銅器墜水千年則純綠色而瑩如玉未及千年綠而不瑩其蝕處如前今人皆以此二品體輕者爲古不知器大而厚者銅性未盡其重止能減三分之一或減半器小而薄者銅性爲水土蒸淘亦盡至有鉏擊破處並不見銅色惟翠綠徹骨或其中有一線紅色如丹然尚有銅聲傳世古則不曾入水土惟流傳人間色紫褐而有硃砂斑甚者其斑凸起

如上等辰砂入釜以沸湯煮之良久斑愈見僞者以漆調朱爲之易辯也三等古銅並無腥氣惟土古新出土尚帶土氣久則否若僞作者熱摩手心以擦之銅腥觸鼻所謂識紋款紋亦不同識乃篆字以紀功所謂銘書鍾鼎夏用鳥跡篆商則蟲魚周以蟲魚大篆秦用大小篆漢以小篆隷書三國隷書晉宋以來用楷書唐用楷隷三代用陰識謂之偃蹇字其字凹入也漢已來或用陽識其字凸間有凹者或用刀刻如鐫碑蓋陰識難鑄陽識易爲決非三代物也款乃花紋以爲飾古器款居外而凸識居內而凹夏周器

有款有識商器多無款有識古人作事精緻工人預四民之列非若後世賤丈夫之事故古器款必細如髮勻整分曉無纖毫模糊識文之筆畫宛宛如仰瓦而不深峻大小深淺如一亦明淨分曉無纖毫模糊此蓋用銅之精者並無砂顆一也良工精妙二也不吝工夫非一朝夕所爲三也今設有古器款稍或模糊必是僞作質色臭味亦自不同句容器非古物蓋自唐天寶間至南唐後主時於昇州句容縣置官場以鑄之故其上多有監官花押其輕薄漆黑款細雖可愛要非古器歲久亦有微青色者世所見天寶時

大鳳環瓶此極品也僞古銅器其法以水銀雜錫末即今磨鏡藥是也先上在新銅器上令勻然後以釅醋調細碙砂末筆蘸勻上候如臘茶面色急入新汲水蒲浸即成臘茶色候如漆急入新水浸成漆色浸稍緩即變色矣若不入水則成純翠色三者並以新布擦令光瑩其銅腥爲水銀所匱並不發露然古銅聲微而清新銅聲濁而鬨不能逃識者之見古人惟鍾鼎祭器稱功頌德則有識盤盂寓戒則有識他器亦有無識者不可遽以爲非但辯其體質款紋顏色臭味足矣

鹽

岑樓愼氏曰鹽非珎玩而　國家無窮之利賴焉
是愈於珎玩者也故録于後

鹽説文鹹也王粲詔云鹽食肴之將黄帝臣夙沙初作煑海鹽古者不煉治之鹽曰苦鹽祭祀用之煉治者曰散鹽蓋鹽筴之利興于管子鹽鐵之制備于孔僅鹽政四一曰散鹽煑海成之二曰盬鹽引池化之三曰形鹽掘地出之四曰飴鹽於戎取之今淮浙最盛海濱地曰鹽場籍曰竈户民曰鹵丁煑盤或鐵或竹有沙泥燒鹽有草灰燒鹽所産甚廣而去海不三

百里山中之民乃不得食官法不行終身茹淡真可憫也河東有鹽池蘇恭云解人取鹽於池傍耕地沃以池水每鹽南風急則宿昔成鹽蒲畦彼人謂之種鹽川貴有鹽井沙漠有鹽澤女直麻布鹽生木枝上亦有鹽海階州出一種石鹽生山石中不由煎鍊自然成鹽色甚明瑩彼人甚貴之云即光明鹽也真臘山間有石味勝于鹽可琢成器忽魯謨斯山連五色皆是鹽也鑿之鏇爲盤碟碗器之類食物就用而不加鹽矣本樓愼氏曰兩山墨談所載非興而興蓋不博也浙中皆白鹽張融海賦漉沙構白熬波出素是也福州有紅鹽郭璞鹽賦爛然若鹽是也朐䏰縣鹽井鹽方寸中央

隆起曰傘子鹽見酉陽雜俎又陸鹽昆吾周十里餘無水自生末鹽月蒲如積雪味甘月虧則如薄霜味苦月盡全無岑樓慎氏曰太平廣記杰公所論南燒羊北燒羊之鹽疑即此也白鹽厓鹽如水晶名水晶鹽又名君王鹽今環慶鹽池所產塊然如投子瑩然精白明潔李太白詩盤中惟有水晶鹽是也車師鹽白者如玉赤者如朱高昌赤鹽廣東皆黑鹽漢書天竺國黑鹽是也又有黃鹽紫鹽即戎鹽也後漢曰別御鹽者紫色鹽也有青鹽甘肅一路有青鹽池黃鹽池紅鹽池貴州鎮遠民以蕨灰爲鹽蠻俗味苦者曰苦鹽甜者曰[illegible]鹽東方曰斥西

方曰鹵河東曰鹽河內曰鹹亦曰鹺今江干近海人稱沙鹵之地當曰沙㾺㾺東方鹹地鹵西方鹹地史記東方食鹽㾺西方食鹽鹵說文曰東方謂之㾺西方謂之鹵又天生曰鹵人生曰鹽釋名地不生物曰鹵故沙鹵謂之确薄之地今亦通稱斥鹵也鹽麩子曰叛奴鹽蜀人曰酸桶吳人曰烏鹽其實稃熟爲穗著粒如小豆其上有鹽如雪可以調羹戎人亦用此謂之木鹽故有叛奴鹽之名見通志草人略

蓮勺

蓮勺縣有鹽池縱廣十餘里其樂人名爲鹵中蓮勺

華夷花木考卷之八

華夷花木續考卷之九

吳興郡山人愼懋官選集

念珠樹

在城北五十里每穗結實百八枚昔李賢者寓周城主人其家婦産難賢者摘念珠一枚使吞之珠在兒手中擘出棄珠之地叢生珠樹見大理府志

人面木

人面木出欝林州春花夏實秋熟兩邊似人面故以名之

人面子

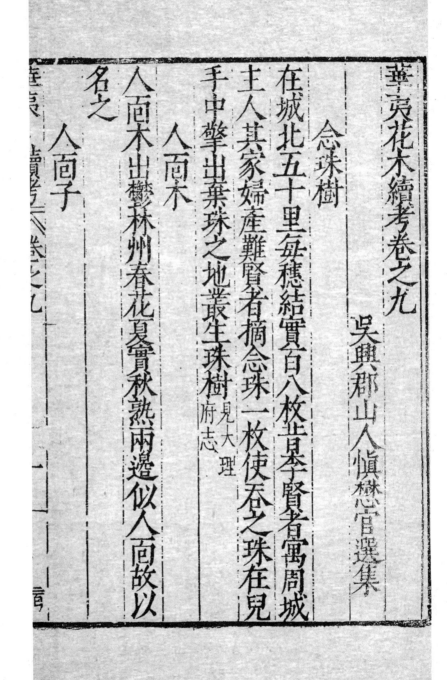

南方草木狀人面子樹似含結子如桃實無味其核正如人面故以為名以蜜漬之稍可食以其核可玩於席間飣餖饗客出南海見廣州志

琪樹

李紳詩注云垂條如弱柳結子如碧珠三年子乃熟每歲生者相續一年者綠二年者碧三年者紅綴條上瓘錯相間

鸂鶒木

鸂鶒木出西番其木一半紫褐色內有蟹爪紋一半純黑色如烏木有距者價高 西番作駱駝鼻中紋

子木染肥膩　嘗見有作刀靶者不見其大者

共桄樹

楚國王仲先聞潘章之美因願爲友遂同衾枕篤於伉儷之樂幾及沒其家憫之葬於羅浮山忽生一樹柯條枝葉無不相抱時人號曰共桄樹見宛委餘編

瘿木

瘿木出遼東山西樹之瘿有樺樹瘿花細可愛少有大者

楓樹子

楓樹子大如鴨卵二月華已乃著實八九月熟曝乾

燒之香馥

做打麻

做打麻本是一等樹枝流落膠汁土內掘出如松瀝青樣火點即着番人皆以此物作燈點照光番船造完則搽此物於外水不能入彼人多採取賣內有明淨好者卻似金珀一般若損都盧廝有番人做成帽珠而賣水珀即此物也出蒲喇加國

波羅蜜樹

波羅蜜樹如荔枝樹樹差大皮厚葉團有橫紋小枝附樹身而生一枝含數蕾花落實出大如斗皮亦似荔

枝有刺類佛首螺髻之狀肉若蜂房近子處可食與
熟瓜無異而風韻過之子如肥皂核大亦可爆食味
似豆春生秋熟交人珍之

杉

馬湖府杉子全廂有野雞斑者最貴

龍腦著色小兒

以龍腦爲佛像者有矣未見著色者也汴都龍興寺
惠乘寶一龍腦小兒雕製巧妙彩繪可人

靈芳國

後唐龍輝殿安假山水一鋪沉香爲山阜薔薇水蘇

合油爲泛池芸藿丁香爲林樹薰陸爲城郭黃紫檀爲屋宇白檀爲人物方圓一丈三尺城門小牌曰靈芳國或云平蜀得之者

茄藍香

茄藍香降真香爲木黒潤伽藍香所出產天下皆無其價甚貴以銀對換（出占城國）

金銀香

金銀香中國皆不出其香如銀匠攬糖相似中有白蠟一般白塊在內好者白多低者白少焚之氣味甚美（出舊港國）

乳香

乳香其香乃樹脂也其樹似榆而葉尖長大斫樹取香而賣出祖法兒國

龍涎

龍涎出大食國無香有燥色白者如白藥煎皪而膩理黑者亞之如五靈脂皪而光澤能發衆香故用以合香

旖旎山

高麗船主王大世選沉木近千觔疊爲旖旎山象衡岳七十二峰錢俶許黃金五百兩竟不售

香燕

李璟保大七年召大臣宗室赴內香燕凡中國外夷所出以至和合煎飲佩帶粉囊共九十二種江南素所無也

鷹嘴香

番禺牙儈徐審與舶主何吉羅洽密不忍分判臨岐出如烏嘴尖者三枚贈審曰此鷹嘴香也價不可言當時疫於中夜焚一顆則舉家無恙後八年番禺大疫審焚香闔門獨免餘者供事之呼爲吉羅香

伽南香

香品雜出海上諸山蓋香木枝柯竅露者木立死而本存者氣性皆溫故爲大蛆所穴蛆食石蜜歸而遺於香中歲久漸漬木受蜜氣結而堅潤則香成矣其香木未死蜜氣未老者謂之生結上也木死本存蜜氣凝於枯根潤若餳片謂之糖結次也其稱虎班結金絲結者歲月既淺木蜜之氣尚未融化木性多而香味少斯爲下耳諸香惟此種不堪入藥故本草不録近世士夫以制帶銙率多湊合頗若天成純全者難得耳岑樓慎氏曰廣州志東莞縣茶園村香樹出於人爲不如海語出於自然且剖析詳明故削廣志而録之

酴醾露

酴醾海國所產爲盛出大西洋國者花如中州之牡丹蠻中遇天氣凄寒零露凝結着他草木乃氷澌木稼殊無香韻惟酴醾花上瓊瑤晶瑩芬芳襲人若甘露焉夷女以澤體髮賦香經月不滅國人貯以鉛瓶行販他國暹羅尤特愛重競買略不論直隨舶至廣價亦騰貴大抵用資香奩之飾耳五代時與猛火油俱充貢謂薔薇水云

刀圭第一香

昭宗嘗賜崔胤香一黄綾角約二兩御題曰刀圭第

一香酷烈清妙雖麥豆大亦終日旖旎蓋成通所製賜同昌公主者

片腦

片腦產暹羅諸國惟佛打泥者爲上其樹高者三二丈葉如槐而小皮理類沙柳腦則其皮間凝液也好生窮谷島夷以鋸付筑就谷中尺斷而出剥而採之有大如指厚如二青錢者香味清烈瑩潔可愛謂之梅花片鬻至中國擅翔價焉復有數種亦堪入藥乃其次耳

樹頭酒

樹類檳榔高五六丈結實大如掌土人以麴納灌中而以索懸其鑵於實下劃其實取汁流於鑵以為酒名曰樹頭酒或不用麴惟取其汁熬爲白糖其葉即貝葉寫緬書用之見緬甸軍民志

椰子

富家則種椰子一千株或二三百株為產業其椰子有十般取用嫩者有漿甜可食又可釀酒老者肉打油做糖或做飯外衣打索造船殼為碗為酒鍾又好燒酒灰打廂金銀細巧生活樹好造屋葉堪盖屋出柯枝國

如何

如何九百歲一實形如棗長五尺而甘見宛委餘編

榔扱

榔扱如枇杷樣略大內有白肉二塊味亦酸甜出爪哇國

沙孤樹

山野有一等樹名爲沙孤樹人將此樹皮如中國葛根搗浸澄濾取粉作丸菉荳大晒乾而賣名沙孤米可做飯食出蒲喇加國

臭之藥

有一等臭之藥番名賭雞鳥如中國水雞大樣長八

寸皮生尖刺熟則五六瓣裂開若臭牛肉之臭內有衆子大酥白十四五塊甚甜美可食肉中有子炒而食其味如栗出啞魯國

把聃菓

把聃菓似核桃樣略尖長色白內仁味勝核桃石榴如茶鍾大花紅如拳大甚香美出忽魯謨斯國

婆羅

不花而實大者如斗皰皺類茘子腹貯瓤多至六七十核甜如蜜核仁煨食風味勝肉

來望

實如豆莢而大熟時莢開赤如丹砂可愛仁大如栗
色味亦類
部子
似荔殼有毛或名假荔枝見陽江縣志
天仙果
樹高八九尺無花其葉似荔枝而小子如櫻桃纍纍
綴枝間六七月熟味至甘
隈支
生邛州山谷中樹高丈餘枝修弱花白實似荔枝肉
黄膚甘味可食大若爵卵

菴羅樹

什曰菴羅樹其果似桃而非桃也見維摩詰經

菴摩勒果

肇曰菴摩勒果形似檳榔食之除風冷見維摩詰經

仙人掌茶

余聞荊州玉泉寺近清溪諸山山洞往往有乳窟窟中多玉泉交流中有白蝙蝠大如鵶按仙經蝙蝠一名仙鼠千歲之後體白如雪棲則倒懸蓋飲乳水而長生也其水邊處處有茗草羅生枝葉如碧玉唯玉泉眞公常采而飲之年八十餘歲顏色如桃花而此

茗清香滑熟異於他者所以能還童振枯壯人壽也余遊金陵見宗僧中孚示余茶數十片拳然重疊其狀如手號爲仙人掌茶見李白集

不夜侯

胡嶠飛龍磵飲茶詩曰沾牙舊姓餘甘氏破睡當封不夜侯新奇哉嶠宿學雄才未達爲耶律德光所虜北去後間道復歸

雞蘇佛

猶子彝年十二歲予讀胡嶠茶詩愛其新奇因令傚法之近晚成篇有云生凉好喚雞蘇佛回味宜稱橄

欖仙然彝亦文詞之有基址者也

梅評

梅以韻勝以格高故以橫斜踈瘦與老枝奇怪者爲貴其新接穉木一歲抽嫩枝直上或三四尺如酴醾薔薇輩者吳下謂之氣條此直取實規利無所謂韻與格矣又有一種糞壤力勝者於條上茁短橫枝狀如棘針花密綴之亦非高品近世始畫墨梅江西有江補之者尤有名其徒倣之者實繁觀楊氏畫大略皆氣條耳雖筆法奇峭去梅實遠惟廣宣所作差有風致世鮮有評之者余故附之譜後見全芳

梁何遜在楊州法曹廨舍有梅花一株遜吟咏其下後居洛思梅花再請其任從之抵楊州花方盛遜對花彷徨見杜詩注

陳輔之論林和靖梅詩

陳輔之云林和靖踈影横斜水清淺暗香浮動月黄昏殆似野薔薇是未爲知詩者予嘗踏月水邊見梅影在地踈瘦清絶熟味此詩眞能與梅傳神也野薔薇叢生初無踈影花陰散漫烏得横斜也哉見梁谿漫志

蓬蓬柰

蓬蓬柰華言破瓶子盖果實也産於暹羅之蠍隴如

大棗而生鳥夷日乾以附遠漬以沸汁其皮自脫圓
滿如大李肉潤膩如紅酥甘美可餤亦珍味云

櫻桃

唐書高宗紀上遊櫻桃園引中書門下五品以上諸
司長官學士入芳林園嘗櫻桃便令馬上口摘李適
傳云凡天子饗會遊豫唯宰相及學士得從夏宴蒲
萄園賜朱櫻景龍文館記上與侍臣於樹下摘櫻桃
恣其食未後大陳宴席奏宮樂至暝人賜朱櫻兩籠
唐李綽歲時記四月一日內園進櫻桃寢廟訖頒賜
各有差

樺桃

樺桃皮可爲燭唐人所謂朝天樺燭香是也

韃靼樺皮木

韃靼樺皮木出北地色黃其斑如米大微紅色能收肥膩甚難得裹刀鞘爲最今人以樺皮飾弓名樺皮弓又以襯靴

掌扇岡

櫻桃素盛睢陽地名掌扇岡尤繁妙有一樹收子至三石者

海棗

南方草木狀海棗樹身無閑枝直聳三四十尺樹頂四面再生十餘枝葉如栟櫚五年一實實甚大如杯盌核兩頭不尖雙卷而圓其味極甘美安邑御棗無以加也泰康五年林邑獻百枚昔李少君謂漢武帝曰臣嘗遊海上見安期生食巨棗大如瓜非誕說也

萬年棗

萬年棗亦有三五様一様番樂沙布每个姆指大核小自結其霜如沙糖或甜難喫一等援援爛成二三十觔大塊如柿餅軟棗之味一等乾者如南棗様略大味頗可彼人將喂牲口出忽魯謨斯國

宜母子

舊志一名梨檬子狀如甜橘味酸元大德三年泉州路煎糖官呈用里木子作水煎造舍里別蒙古語爲渴水也凡木果之汁皆可爲之獨里木子香酸經久不變里木子卽宜母子元於番禺城東蓮塘南海城西荔枝灣置御果園栽種里木樹大小八百株大德七年罷貢園今爲民居見廣州志

五歛子

南方草木狀五歛子大如木瓜黃色皮肉脆軟味極酸上有五稜如刻出南人呼稜爲歛故以爲名以蜜

漬之甘酢而美出南海見廣州志

木鼈子

木鼈子樹高十餘丈結子爲大柿樣內包其子三四十箇熟則自落其蝙蝠如鷹之大都在此樹上倒掛而歌出柯枝國

耋古柿

耋古柿如石榴樣皮厚內有橘囊樣白肉四塊味甘酸甚可食出爪哇國

酸子

酸子番名掩枝大如沙梨樣頗長綠皮其氣香冽欲

食擘去其皮也扶切外皮取內食之酸甘甚美核如雞彈大出啞魯國

石粟

南方草木狀石粟樹與粟同但生於山石罅中花開三年方結實其殼厚而肉少其味似胡桃仁熟時或爲羣鸚鵡至啄食略盡故彼人極珍貴之出日南

天師粟

灌縣青城山出似粟而美獨房者爲異

玉角香

新羅使者每來多齎松子有數等玉角香重堂棗御

家長龍牙子惟玉角香最奇使者亦自珍之

海梧

南方草木狀海梧子樹似梧桐色白葉似青桐有子子如大栗肥甘可食出林邑見廣州志

頻婆子

頻婆子實紅色大如肥皂核如栗煨熟味與栗無異本韶州月華寺種僧傳三藏法師在西域携至在在有之頻一作貧梵語謂之叢林以其葉盛成叢故也

黃皮子

黃皮子大如彈丸黃如蠟珠味酸甜有白蠟子其味

尤勝汪廣洋詩春意亭涼酒滿樽昔人遺刻尚崔嵬亭前幾樹黃皮熟日日鶯啼數百回見廣州志

地乳菓

地乳菓西僧以此進上見洮州衛志

紅姑娘

徐一夔元故宮記云金殿前有野果名紅姑娘外垂絳囊中空有子如丹珠味酸甜可食盈盈繞砌與翠草同芳亦自可愛見丹鉛錄

側生

左思蜀都賦旁挺龍目側生荔枝故張九齡賦荔枝

云雖觀上國之光而被側生之誚杜子美絶句云側
生野岸及江蒲不熟丹宫滿玉壺諱荔枝爲側生雖本
之左思張九齡然以時事不欲直道也黄山谷題楊
妃病齒云多食側生損其左車則特好奇爾見丹鉛録

櫧

吾州制字枊以多木名其木櫧爲貴其爲樹四時無
改柯易葉質性堅於檜栢伐而材之雖百歲雨淋日
炙弗蠹弗腐作屋置以當風雨之衝棺在土與石槨
敵此櫧之所以爲貴也櫧樹歲結子其子小者小於
橡味如之大者大如橡而味苦土人取爲果實謂小

實者爲圓珠櫧大者苦珠櫧以此分二種其材固無異也按山海經前山其木多櫧諸音注謂其樹作子可食冬夏恒青作柱難腐者豈卽此櫧耶

梨

癸辛雜識李仲賓云向其家有梨園大樹一株歲收梨至二車一歲忽盛生賤不可售有所謂山梨者味極佳漫用大甕儲數百枚以缶蓋而泥其口意欲久藏旋取食之久則忘之及半歲後因至園中忽聞酒氣熏人疑守舍者釀熟索之無有因啓觀所藏梨化之爲水清冷可愛湛然甘美眞佳醞也飲之輒醉回

回國葡萄酒蓋類此始知梨可釀前所未聞也

貞祐中鄰里一民家避寇自山中歸見竹器所貯葡萄在空盎上枝蔕已乾而汁流盎中薰然有酒氣飲之良酒也蓋久而腐敗自然成酒

瀛州玉雨

司空圖菩薩蠻謂梨花爲瀛州玉雨

柑橘

柑橘甚廣四時常有若洞庭獅柑綠橘様不酸可以久留不爛出啞魯國

橘柚

塌橘枝葉亞地其實肥大　綠橘形匾色綠　沙橘種沙洲上一名塗橘鬆而腴　凍橘小春生花結小實經霜雪不隕明年四月卽熟　無核橘形味不殊但皮薄無核　青皮未熟時剝者　橘紅已熟時剝者　海紅柑皮厚經霜而色尤青漸黃轉紅味甘美　枝柑帶枝剪下者　洞庭柑皮薄肉緊熟在諸品之先經霜色黃久藏則緒　木柑味不入品　朱柑亦洞庭甜柑之類而大倍之色深紅味酸入鹽乃可食　金柑色如金而小　花柑霜後弄色紅黃夾道美觀而不可食　山金柑生巖谷間小如豆蜜煎可

食　乳柑品中第一其味類乳酪故名霜後擘之香氣逼人然皮薄液多致遠則腐不可久藏　朱欒枝條多刺花如蓮子擬其英以蒸沉速二香芬馥清冽異常實大如甌皮厚色赤醜麄不可食但其樹可接柑橘　蜜欟色黃實似朱欒而形差扁皮厚半寸肌體細膩瓣且如蜜故名連皮切食之　香櫞本草作枸櫞葉大枝有刺皮厚色嫩黃其實如瓜長而鋭其下見温州府志

桫欏

葉長數尺如蕨葉狀伐而削皮其形萬竅連絡如刻

鐵者見敘州府志

梧桐唾痕

倪嘗留客夜榻恐有所穢時出聽之一夕聞有咳嗽聲侵晨令家人遍覓無所得童慮捶楚僞言窓外梧桐葉有唾痕者元鎮遂令剪棄十餘里外蓋宿露所凝訛指爲唾以詒之耳

黄葛木

其形如衆藤連理合而爲一大者合抱高數丈葉如橡華黄色縁崖壁生擁腫屈曲不爲材翎韻書云壽可千歲見敘州府志

黃楊木

黃楊木性難長世重黃楊以其無火或曰試投之水沉則無火伐必以陰晦之夜不見一星爲枕不裂見酉陽雜俎

茱萸

晉永嘉五年五月無錫欻生茱萸四株交枝若連理先是鼷鼷舊志作鼷出延陵羊祜令郭璞筮之遇臨之益曰此郡東明年當有妖樹生若瑞而非瑞辛螫之木也如其果然東西數百里有作逆者其後吳興徐馥作亂殺太守袁琇亦草妖也見無錫縣志

斑枝花

木綿即斑枝花其木高四五丈花殷紅大於盃花落則絮蘊焉採之不盡則漫空而飛其猶者任爲褥不知者或誤以木綿爲吉貝云汪廣洋斑枝花曲斑枝花光煒煒照耀交州二三月交州人家花滿城滿城花開未損葉焜煌隔水散霞彩纂歷緣空張錦纈信非韓郎丹染根恐是杜宇啼成血啼成血著樹枝點盡穠芳也自奇嶺南到處是種此嶺北居人希見之穠芳曉落花時雨東家西家具雞黍當門笑拾瑪瑙鍾持向城南踏春去交州地煖春歸早一夕東風爲

誰老翠包半折漸吐綿雪花填滿行人道越娃携筐爭採綿採綿盈筐勝萬錢搓就瓊簪膩如蠒系成氷縷細如煙千萬縷綿綿到底知幾許的的燈煤夜結花軋軋機聲暗相語停梭掩袂那得眠吉貝相將下機杼并刀裁剪秋江雲與郎為衣白且新鄉社年豐載春酒郎試新衣賽海神從今只種斑枝樹開花結子兩成趣勸郎切莫種垂楊引惹長條繫愁緒見廣州志

蝴蝶樹

蝴蝶樹高三五尺葉皺而有稜春暮盛開山谷間有之惟新會白水山爲盛其蓓蕾必叢生三二十花開

四朶相對鬚須眼微具得謝則次蓄又開謝復如之見廣州志

鴈翅檜

葉婆娑如鴻鴈之翅見李文饒別集

珠子栢

栢實皆如白珠子藂生葉上香聞數十步蓮蘂附萼上花分五朶而實同一房見李文饒別集

竹栢

生峨眉山中葉繁長而澤似竹然其榦大抵類栢而亭直

支離叟

宋僧溫日觀酷嗜酒楊總統以名酒啗之終不一濡唇見輒憤詈曰掘墳賊惟鮮于伯機父愛之溫時至其家抱軒前支離叟或歌或哭每索湯浴鮮于公必躬爲進澡豆其法中所謂散聖者其人也支離叟卽伯機家所種松也

萬年松

出祝融峰懸崖上本草類高者三四寸許凌冬不彫連根拔之收於巾笥中歷數十年取而植之蒼翠如故又拔而收之再經歲月出而復植亦如之 岑樓

慎氏曰予游天台玉京洞鴈蕩靈巖寺龍湫等處萬年松觸地皆是然不如玉京洞中所生者圓如傘盖而蒼翠可愛予試之果如前記但衡嶽未遊不知同否又有萬年草產於石梁之下採者甚艱植於盆中信與菖蒲爭秀也因併記之

金松

按唐李德裕賦序云於顏太師猶子舊宅覩奇木枝似欅松葉如瞿麥訪其名曰金松得於台嶺

纏花樹

有一樣纏花樹如中國大桑樹高二丈其花一年二

修長生不枯出天方國

伽陀羅

南滇夷島產木有堅如石文橫銀屑者夷名曰伽陀羅余愛其堅又貴其異遂用作琴見國憲家猷

樟

衢州府雞鳴山巫石臺有樟樹四十人圍之我太祖藏兵七千可蔭三十畝予游天台舟中得之瑞菴許上人云有御祭

新繁古楠木

元祐八年繁江隆道觀玉帝殿庭有古楠二章分列

左右如輔如弼一夕風雷大作偃其左偏者邑宰命匠石取之方執柯伐其枝忽聞軋軋聲乃稍稍起立匠石皆在其上如猿猱然觀者驚駭邑宰降階俯伏謝罪

南極

南極香材也

鐵索木

鐵索木出廣南質堅而皮黃剝落如榆樹

滿面蒲萄

近歲戶部員外叙州府何史訓送車面是滿面蒲萄

尤妙其紋脉無間處云是老氏千年根也

古樹

在縣二十里雙龍鄉北春初葉萌自南兆旱自北兆雨自西風雨時禾稼登自四圍旱澇仍饑饉臻歷驗無爽見雲龍州志

怪樹供

黄巖雲岡何先生自少愛花輙解種樹傳然而未暇也自西番採運之後不得上官輙勇退構園栽花遣興得搜根之法擇其可以構詩者種之二十年而漸以成其根骨露凌空或構李杜詩或作水波文字皆

草點畫勾剔不爽毫髮問先生之書但曰我能草樹而不能草紙辟如畫沙爲字者各有所長也雙枝中搆圓毬以藤施毬上雙懸如日月然或搆葫蘆者三隱於葉底叵視楮葉呈巧者遠甚矣昔者東坡愛其石奇作怪石供予雖菲劣賞鑒則竘敢不效顰以作怪樹供云

詠怪樹

靈根骨露自凌空千樹玲瓏搆句工緑縟雙毬懸樹畔葱蘢三疊隱枝中宋人清異甘輸巧怪樹天然應作供若使文饒今日見肯容終老赤城東

萬曆十三年慎懋官書于玉京洞中

楊榮神樹

榮太和塔橋人舉進士任翰林庶吉士忽手洗面照見頭上有一樹宛如其先塋樹狀以告同列同列曰盍伐之寄書與家人家人伐之榮遂卒于京邸見大理府雜志

睡香

廬山瑞香花始緣一比丘晝寢盤石上夢中聞花香烈酷不可名既覺尋香求之因名睡香四方奇之謂乃花中祥瑞遂以瑞易睡

雙樹海棠

雙株海棠者余秦中時見也其高皆數十尺修然在

衆花之上與夫江淮所産絶不類矣或說荆南官舍亦有兩株見徐節孝集

海棠花

海棠花盛於蜀中而秦中者次之蓋其株脩然如出塵高步俯視衆芳有超群絶類之勢而其花甚豐其葉甚茂其枝甚柔望之甚都綽約如處女婉娩如純婦人非若他花冶容不正有可犯之色蓋花之美者海棠也視其色如淺絳而外英數點如深臙脂此詩家所以爲難狀也見徐節孝集

紫風流

盧山僧舍有麝囊花一藂色正紫類丁香號紫風流江南后主詔取數十根植于移風殿賜名蓬萊紫

俱物頭花

大唐貞觀十一年其國遣使又號劉眉獻俱物頭花丹紫相間其香遠聞

旱金

旱金大如掌金色爍人見陷虜記

青囊

青囊如中國金燈而色類藍可愛見陷虜記

陸賈素馨

陸賈南中行紀雲南中百花惟素馨香特酷列彼中女子以綵絲穿花心繞髻為飾梁章隱詠素馨花詩云細花穿弱縷盤向綠雲鬟用陸語也花繞髻之飾至今猶然予嘗有詩云金碧佳人墮馬粧鷓鴣林裏採秋芳穿花貫縷盤香雪曾把風流惱陸郎姜夢賓笑謂予曰不意陸賈風流之案千年而始發耶見楊升菴詩話

黄玉玦

錢俶以弟信鎮湖州後圃芙蓉枝上穿一黄玉玦枝稍交雜不知從何而穿也信截餘取玦以獻人謂真

仙來遊留此以驚世耳

采芙蓉花去心蒂湯瀹之同豆腐煮紅白交錯恍如雪霽之霞名雪霞羹加胡椒姜亦可也見國憲家猷

小笑

小笑春日開舊有詩云大笑何如小笑香紫花那似白花粧見廣州志

紫荆

出鄭州府志有二種一曰楚即詩所謂束楚也一曰牡荆赤莖大實是也昔伍舉將入鄭與聲子遇諸郊班荆相與食而言又孝子傳曰古有兄弟意欲分異

出門見三荊同株接葉連陰嘆曰木猶欣聚況我而殊哉還爲雍和即此也　一名百日紅

龍華

地上有樹形似金龍龍上開華故曰龍華勝會見歸元

玉雞苗

東平城南許司馬後圃薔薇花太繁欲分於别地栽揷忽花根下掘得一石如雞狀五色粲然郡人遂呼薔薇爲玉雞苗

瑞葵並萼

天順三年本州儒學西齋號房多種葵是年葵先兩

花其萼相並故庠生梁鏞有朝陽齊綻兩葵花秋闈雙兆之句有識者試其驗否除去前花能再並開始爲信然後果開二花色愈奇麗是科梁鏞劉魁果並舉鄉薦又同登成化二年進士第鄉人異之以爲瑞云見高唐州志

錦帶花

蜀山中處處有之長蔓柔纖花葉間側如藻帶然因象作名花開者形似飛鳥里人亦號鬢邊嬌

瑞聖花

出青城山中榦不條高者乃尋丈花率秋開四出與

桃花類然數十跗共爲一花繁盛若綴先後相繼經旬而開九閱月未萎也蜀人號豐瑞花故程相國琳爲花盛之年繪圖以聞更號瑞聖花然有數種差小者號寶仙淺紅者爲醉太平白者名玉真成都人競移蒔圃中以爲尤玩云

西番蓮

出夷地有黃赤二種餘圍六七寸葉長尺餘花如千葉蓮狀又一種不知其名餘如良薑長六七尺葉如芭蕉長三四尺花赤色每花三四十瓣下瓣長四五寸至其端以漸而短瓣直聳不似蓮狀二三月開至

冬方厭俗亦呼西番蓮出敘州府

慈竹

秋笋高數丈尾甚柔細如釣絲又名釣絲竹歷冬及春始開葉其葉左右其葉左右並列如鳥翎狀初歲極嫩士人破爲篾裂以成麻可爲屨號竹麻屨出敘州府

李畋該聞集云舊稱竹實爲鸞鳳所食今近道竹間時見開花如棗結實如麥江淮號爲竹米以爲荒年之兆其竹即死信非鸞鳳之食也近有餘干人來言彼有竹實大如雞子竹葉層層包裹味甘勝蜜食之令人心肺清凉生深竹林茂密處頊因

得之雖日久乾枯而味尚存乃知鸞鳳所食必非常物也

千年竹

出水簾洞石上葉稍似竹高者二寸許凌寒不彫土人掇取之經歲月再植沙土中其色鬱然

天親竹

秦維言雙竹自是一種有成林者因出三柱杖兩岐後問浙人云此是天親竹有時出一番雙筍故例皆分岐亦非年年有之

丁香竹

荊南判官劉彧棄官秦隴閩粵篋中收大竹拾餘穎每有客則斫取少許煎飲其辛香如雞舌湯人堅叩其名曰謂之丁香竹非中國所產也

蚱蜢竹

江湖間有一種野竹其葉糾結如蟲狀山民曰此蚱蜢竹也

勒竹

宋志云林諝記中心堅塞枝餘相交嶺表録異記枝上有刺南人呼刺勒竹東坡云倦看澀勒暗蠻村是此竹又名澀勒見興化府志

雩竹

雩竹出廣西斑極大色紅而有暈

錦竹

杜子美有從韋明府續處覔錦竹兩三叢詩黃鶴注云老竹譜竹紀無錦竹意以其文如錦名之竹紀有蒸竹篃䈼竹其皮類繡豈即此乎余觀錦竹他無見惟杜詩有之劉會孟批杜錦樹行云題曰錦樹使人刮目錦竹亦新惜無粘出者耳近閱梅宛陵集錦竹詩曰雖作湘竹紋還非楚筠質化龍徒有期待鳳曾無實本與凡草俱偶親君子室又注其下此草也似

竹而斑始知黃鶴有今註之昏耳

扶竹

武林山西舊有雙竹院中所産修篁嫩條皆對抽並亂王子敬竹譜所謂扶竹臂猶海上之桑兩兩相比謂之扶桑也扶竹之筍名曰合歡按律書注伶倫取嶰谷之竹陽律六取雄竹吹之陰呂六取雌竹吹之蜀涪州有相思崖昔有童子卯女相悅交贈今竹有桃釵之形筍亦有柔麗之異崖名相思崖竹曰相思竹孟郊詩竹嬋娟籠曉煙指此竹也

通天筍

衢州人家竹林中生五筍徹梢無節目覩者神之名

通天筍

圓通居士

比丘海光住廬山石虎菴夜夢人長清瘦而斑衣言捨身為菴中供養具俄窓外竹生一筍花紫籜如夢者之衣既成竹六尺餘無節黃綠瑩淨江州太守聞之意將奪取竹一夕自倒太守尋罪去光乃用為拄杖目曰直兄光來都下予因見之光云夢者自稱圓通居士予遂小篆此四字于杖之首令黑漆之

越王竹

巖州產越王竹根於石上狀若荻枝高尺餘土人用代酒籌次有沙筯產于海島間其心若骨可籌筯凡欲采者須輕步從之不爾聞人行聲則縮入沙中不可取陳藏器云越王餘算味鹹生南海長尺許

竹青

永嘉記曰青田縣有草葉似竹可染碧名爲竹青此地所豐故名青田

羅漢絲

天堂峰在山右東有石室殷景童禮斗之處其中所生之草兩莖相纏有垂頭如絲俗呼爲羅漢絲豈實

中多生見衡嶽志

牧靡

牧靡縣因草得名生牧靡可以解毒鳥多誤食烏喙口中毒必急飛往牧靡山啄牧靡以解毒

地日草

南荒有地日草日中三足烏欲下食此草羲和馭之以手掩烏目出西壑傳

鴛鴦草

春葉晚生其稚蘤在葉中兩兩相向如飛鳥對翔

瑞草

蜀人多種之庭檻蔓延長三四尺珍而愛之故謂之瑞草

茸草

大者如柱土人以架屋吾友唐愚士西遊親見之

候潮草

宋志云葉間有莢如榆莢潮至則開退即合見興化府志

車前子

一名芣苢大葉長穗好生牛馬跡中

荔挺出

荔草名似蒲而小根可爲刷本草馬藺江東呼旱蒲

多植于堦庭挺一枝也獨也挺然勁直之貌故荔挺可以爲敘傅亮冬至詩荔迎時萋是也一名蠡實或曰即馬薤也陳皓不識以爲香草盖香草乃薜荔或又以薜荔爲狀如烏韭非也

去邪蒿

北史邢峙爲博士授太子經厨人進食有菜曰邪蒿峙命去之曰此菜有不正之名非殿下所食

烏昧草

宋明道中天下旱蝗范仲淹奉　詔安撫江淮還以太平州貧民所食烏昧草進呈乞宣示六宮戚里用

抑奢侈

金星草

葉上有金星點根中有黑觔如髮又謂之出髮草俗傳用以浸油塗頭上禿處則髮生

牽牛子

有黑白二色蔓生籬落間一名皷子花碧色陶弘景云此藥始出野人牽牛以易之故名

草妖

中平元年夏東郡陳留濟陽長垣濟陰宛句離狐縣界有草生其莖靡纍腫大如手指狀似鳩雀龍虵鳥

獸之形五色各如其狀毛羽頭目足翅皆具亦作人狀操持兵弩備具非但彷彿而已皆草妖也出漢史

蔽藤

蔽藤生金封山俚人往往賣之其色正赤出輿古

紫藤

紫藤葉細長莖如竹根極堅實重重有皮花白子黑置酒中歷二三十年亦不腐敗其莖截置煙炱中經時成紫者可以降神

水藤

山行渴則斷取汁飲之治人體有損絕沐則長髮去

地一丈斷之輙更生根至地永不死

浮沉藤

南方草木狀浮沉藤生子大如虀甌正月華色仍連
著實十月蠟月熟色赤生食食之甜酢生交趾九合

蘭子藤

生緣樹木正二月花青色四五月熟食如藜赤如雄
雞冠取生食之味淡泊出交趾合浦

野聚藤

緣樹木二月花色仍連著實五六月熟大如羮甌俚
民煮食其味甜酢出蒼梧

狗頸藤

覆地而生取其根搥爛可以藥魚俗呼魚藤

千歲子

南方草木狀千歲子有藤蔓出土子在根下鬚綠色交加如織其子一苞恒二百餘顆皮殼青黃色殼中有肉如栗味亦如之乾者殼肉相離撼之有聲似肉豆蔻出交趾見廣州志

長卿蔄子

予往歲在大理與姜孟賓讀蕭子雲賦有長卿晚翠蔄于秋紅之句孟賓吳人博學予舉以問曰長卿藥

名是也蔄子亦必草木名出何書耶孟賔亦不能知呼取本草徧檢之無有也近觀齊民要術云蔄子藤生緣樹木實如梨赤如雞冠核如魚鱗取生食之淡泊甘苦乃知子雲引用必此物也聊筆于此王應麟嘗言得一異事如獲一真珠船恨不與孟賔散帙共欣賞耳

蒲萄

菓有蒲萄萬年棗石榴花紅梨子桃子皆大重五觔

天方國西瓜甚甜每箇用二人擡者　柯枝國有一等小瓜如指大長二寸許如青瓜之味

緑蒲萄

北方蒲萄熟則色紫今此色正緑二云見嘉定州志

茭蕈酒

海之洲渚岸生一等草名爲茭蕈葉長如中國路夫花葉似苦笋殼厚性柔軟結子如荔枝様雞彈大可取其子釀酒名茭蕈酒飲亦醉人鄉人取其葉織成細簟濶二尺長丈餘出蒲剌加國

蓢瓜

長江山有草焉蔓而生蓏瓠具鱗鬣肖魚而無目其名曰蓢瓜可以漬螢見廣州志

海芋

木榦芋葉高四五尺不可食方士家號之爲隔河仙云可變金或云能止瘧

瑞米

淳化中出於寧海縣南二十五里地名九項民應氏田中其稻生雙米郡以聞見會要

稻

凡言占者宋大中祥符間遣使至占城國取種法散于江南故有之其不言占者中土之種也見廣昌志

胡麻

圖經胡麻一名巨勝本出大宛故名有二種葉青花黃莖圓者爲胡麻八稜而莖方色純黑者爲巨勝八穀惟此最良道書巨勝者玄秋之沆瀣也寶玄經茯苓治少胡麻治老合以齋戒服以朝早卉醴華腴火精水寶和以爲一還精補腦此僊方也先服此去病後吸日華以充之

石芝

石芝者生於海隅名山及島嶼之涯有積石者其狀如肉象有頭尾四足者良似生物也附於大石喜在高岫峻之地或卻著仰綴也赤者如珊瑚白者如截

肪黑者如澤漆青者如翠羽黄者如紫金而皆光明
洞徹如堅氷也晦夜去之三百步便望見其光矣大
者十餘斤小者三四斤　玉脂芝生於有玉之山常
居懸危之處玉膏流出萬年已上則凝而成芝有似
鳥獸之形色無常采率多似山玄水蒼玉也亦鮮明
如水精　七明九光芝皆石也生臨水之高山石崖
之間狀如盤椀不過徑尺以還有莖蒂連綴之起三
四寸有七孔者名七明九孔者名九光光皆如星百
餘步内夜皆望見其光其光自别可散不可合也常
以秋分伺之得之　石蜜芝生少室石戶中戶中便

有深谷不可得過以石投谷中半日猶聞其聲也去戶外十餘丈有石桂桂上有偃蓋石高度徑可一丈許望見蜜芝從石戶墮入偃蓋中良久輒蓋亦終不溢也　石桂芝生名山石穴中似桂樹而實石也高尺許大徑尺光明而味辛有枝條擣服之一斤得千歲也石中黃子所在有之沁水山為尤多　石腦芝生滑石中亦如石中黃子狀但不皆有耳打破大滑石千許乃可得一枚初破之其在石中五色光明而自動　石硫黃芝五岳皆有而箕山為多

木芝

松脂淪入地千歲化爲茯苓萬歲其上生小木狀似
蓮花名曰木威喜芝夜視有光持之甚滑燒之不然
帶之辟兵以帶雞而雜以他雞十二頭共籠之去之
十二步射十二箭他雞皆傷帶威喜芝者終不傷也
千歲之栢木其下根如坐人長七寸刻之有血以
其血塗足不可以步行水上不沒以塗人鼻以入水
水爲之開可以止住淵底也以塗身則隱形欲見則
拭之又刮以雜巨勝爲燭夜遍照地下有金玉寶藏
則光變青而下垂以鍤掘之可得也　松樹枝三千
歲者其皮中有聚脂狀如龍形名曰日飛節芝大者

重十斤　樊桃芝其木如昇龍其花葉如丹羅其實如翠鳥高不過五尺生於名山之陰東流泉水之上以立夏之候伺之　參成芝赤色有光扣之枝葉如金石之音折而續之即復如故　木渠芝寄生大木上如蓮花九莖一叢其味甘而辛　建木芝實生於都廣其皮如纓蛇其實如鸞鳥　黃蘗檀桓芝黃蘗木下根有如三斛器去本株三十八丈有以細根相連狀如縷

草芝

獨搖芝之無風自動其莖大如手指赤如丹素葉似莧

其根有大魁如斗有細者如雞子十二枝周繞大根之四方如十二辰也相去丈許皆有細根如白髮以相連生高山深谷之上其所生左右無草懷其大根即隱形欲見則左轉而出之　牛角芝生虎壽山及吳坂上狀似葱特生如牛角長三四尺青色　龍仙芝之狀似昇龍之相負也以葉爲鱗其根則如蟠龍　麻母芝似麻而莖赤色花紫色　珠芝其花黃其葉赤其實如李而紫色二十四枚輒相連而垂如貫珠也　白符芝高四五尺似梅常以大雪而花季冬而實　朱草芝九曲曲有三葉葉有三世也　五德芝之

狀似樓殿莖方其葉五色各具而不雜上如僂蓋中有甘露紫氣起數尺矣　龍御芝常以仲春對生三節十二枝下根如坐人

肉芝

萬歲蟾蜍　千歲蝙蝠　靈龜　風生獸　千歲鷰

詳見抱朴子

菌芝

菌芝或生深山之中或生大木之下或生泉之側其狀或如宮室或如車馬或如龍虎或如人形或如飛鳥五色無常

姚黃并序　紫霄漫翁李道源見約分吟姚黃因爲之序曰天下牡丹九十餘種而姚黃居第一其名雖千葉而實不可數或累計萬有餘英不然不足高一尺也花肉既重其梢下屈如一器欹側之狀此亦花之巨美而精傑者乎是宜見於詩而不可泯然使寂寂也

黃河南畔伊川北姚家宅是真花窟古來多少豪奢兒埋却千鶯萬鶯骨中央精粹得之多西方秀氣來相和天與明光常借日水宫脂脉正通河春風如酒半酣時誰教穀雨報花期司馬坂前嬌半啓洛陽城

內人俱知姚家門巷車馬塡墻頭墻下人差看花上
紅綃都蔽日花傍翠幕恰如烟玉面兒來争供帳錦
袍郎去鬭拋錢無人不說姚花好費却春功亦不少
日長風煖緑梢低坐上金仙困將倒鞠塵餅劑和香
檀何以貯之承露槃爛錦脫來嬿大艷鮮衣染就欲
驂鸞君看此花千萬重粧面深藏青步障寶冠斜墮
珀鬟臥叢步搖好稱釵鳳凰玉鏍犀佩珠鳴璫帝女何
緑心好道阿嬌安用金屋房紺窠累棲舒鴈雛沉烟
噴出狻猊爐一種養成餘意態千花瘦盡春肥膚蛾
峨一器歃且傾覆杯難辨鍾與觥染以紋綃来正色

叩之玉珽希宮聲魏家紅共八牛家碧選霸化中登高格如今挽首甘下風九十種中爲第一此花莫似武那儀出得宮來不盡眉情貌欲爲狐媚態衣裳却是比丘尼楊妃本是傾國身脫却紅襦號太真河水欲濡頭上髮馬嵬猶着舊時裙物色一定猶可疑人心多變宜難知容易莫評真與欺貌或如是心或非君不見老莊有深意萬物之中最防僞見徐節孝文集

大北勝

南漢地狹力貧不自揣度有欺四方傲中國之志每見北人盛誇嶺海之强世宗遣使入嶺館接者遺茉

新文其名曰小南强及本朝鋹主面縛僞臣到闕見
洛陽牡丹大駭難有搢紳謂曰此名大北勝

宋單父種牡丹

洛人宋單父字仲孺善吟詩亦能種藝術凡牡丹變易千種紅白鬬色人亦不能知其術上皇召至驪山植花萬本色樣各不同賜金千餘兩內人皆呼爲花師亦幻世之絶藝也

太祖一日幸後苑賞牡丹召宮嬪將置酒得幸者以疾辭再召復不至上乃親折一枝過其舍而簪于髻上上還輒取花擲地上顧之曰我辛勤得天

下乃欲以一婦人敗之邪即引佩刀截其腕而去

玉堂賞花

文淵閣右植芍藥有臺相傳　宣廟幸閣時命工砌者初植一本居中澹紅者是也景泰初增植二本純白居左深紅居右舊常有花自增植後未嘗一開天順改元徐有貞許彬薛瑄李賢同時入爲學士居中一本遂開四花其一久而不落既而三人皆去惟賢獨留人以爲兆明年暮春忽各萌芽左二右三中則甚多而彭時呂原林文劉定之李紹倪謙黄諫錢溥相繼同升學士凡八人賢約開時共賞首夏四日盛

開八花賢遂設燕以賞之時賢有玉帶之賜諸學士各賜大紅織衣且賜宴因名純白者曰玉帶白深紅者曰宮錦紅澹紅者曰醉仙顏惟諫以足疾不赴明日復開一花衆謂諫足以當之賢賦詩十章閣院宮僚咸和彙成曰玉堂賞花詩集賢序其端謂昔韓魏公在廣陵時是花出金帶圍四枝公甚喜乃選客具樂以賞之蓋以人合花之數也予今會客以賞花初不取合於花數蓋花自合人之數也夫人合花數者係於人合人數者係於天係於人者未免有意係於天者由乎自然雖然魏公四人皆至宰相豈獨係於

人哉盖亦合乎天數之自然矣花歇於前而發於今且當復辟之初實氣數復盛之兆所關甚大又非廣陵比也然不久諸學士中有從戎謫官者事見水東日記而不悉其詳故識之

華夷花木續考卷之九終

附全五册目録